U0337586

预防煤矿瓦斯爆炸的行为训练方法研究

杨文旺　何三林　著

中国矿业大学出版社

·徐州·

内 容 提 要

煤矿瓦斯事故特别是瓦斯爆炸事故是煤矿井下最严重的事故灾害之一,行为安全方法能有效控制、减少和预防瓦斯爆炸事故。本书是介绍和研究煤矿员工行为安全的专著,涵盖行为安全基础理论研究、实践基础研究与实践研究内容。全书共分 6 章,具体包括:绪论,引起瓦斯爆炸事故的行为原因及关键工种识别,瓦斯爆炸事故中不安全动作识别——以爆破工为例,瓦斯爆炸事故中不安全动作训练方法研究,煤矿事故案例选择方法的研究,以及结论与创新点。

本书结构严谨,内容丰富,可供从事煤矿员工不安全行为研究与实践的人员阅读,也可供高校管理科学与工程类专业的师生以及广大安全管理工作者和行为安全研究爱好者参阅。

图书在版编目(C I P)数据

预防煤矿瓦斯爆炸的行为训练方法研究 / 杨文旺,
何三林著. —徐州 : 中国矿业大学出版社,2020.1
　　ISBN 978 - 7 - 5646 - 4548 - 9

　　Ⅰ. ①预… Ⅱ. ①杨… ②何… Ⅲ. ①煤矿—瓦斯
爆炸—防治—研究 Ⅳ. ①TD712

　　中国版本图书馆 CIP 数据核字(2020)第 005109 号

书　　名	预防煤矿瓦斯爆炸的行为训练方法研究
著　　者	杨文旺　何三林
责任编辑	姜　华
出版发行	中国矿业大学出版社有限责任公司
	(江苏省徐州市解放南路　邮编 221008)
营销热线	(0516)83884103　83885105
出版服务	(0516)83995789　83884920
网　　址	http://www.cumtp.com　E-mail:cumtpvip@cumtp.com
印　　刷	江苏凤凰数码印务有限公司
开　　本	787 mm×1092 mm　1/16　印张 9.5　字数 170 千字
版次印次	2020 年 1 月第 1 版　2020 年 1 月第 1 次印刷
定　　价	40.00 元

(图书出现印装质量问题,本社负责调换)

前　言

　　瓦斯爆炸事故在我国煤矿多有发生。目前我国预防瓦斯爆炸事故的主要策略是采用工程技术手段解决物的不安全状态这个事故的直接原因,而对解决人的不安全动作这个事故的直接原因研究很少,主要做法是密集的安全检查,检查到员工的不安全动作后采取处罚、制止等严厉措施,称为"即时"解决方法,但"即时"纠正的效果持续时间很短,很难建立安全生产长效机制。国外关于事故的不安全动作原因的研究与解决方法,主要采用行为观察方法(Behavior-Based Safety,BBS),然而应用行为观察方法的前提是企业需要较长的时间建立安全文化,另外该方法适应我国安全法律体系(主要是安全处罚机制)也有较大的困难。

　　通过研究行为安全模型和统计分析瓦斯爆炸事故,得出煤矿瓦斯爆炸事故发生的直接原因是由员工(包括管理者)的不安全动作导致的,员工的不安全动作或导致了引爆瓦斯的火花的产生,或导致了瓦斯的积聚。根据相关研究,80%以上事故是由人的不安全动作所引起的。为了减少或消除引起瓦斯爆炸的不安全动作,进而有效预防煤矿瓦斯爆炸事故,著者统计了1949—2010年间我国发生的777起煤矿瓦斯爆炸事故,得出爆破工为预防煤矿瓦斯爆炸行为训练的关键工种。利用传统的统计法、灰色关联技术、文献沉淀方法和根据《煤矿安全规程》等规定4种识别方法,识别出爆破工的28种不安全动作,并确定"未填足封泥""明火、明电爆破"和"封孔不使用水炮泥"三种不安全动作是爆破工不安全动作中的主要类型。同时,采用三维动画不安全动作演示和虚拟现实安全动作训练两种方法来控制、减少爆破工的不安全动作。针对以往事故案例选择方法不系统、不全面、只是定性选择的状况,通过调查问卷的方式制定出一套选择事故案例的方法,最后运用此种方法选择出24起事故案例分别用于培训爆破工的28种不安全动作。

　　通过大量系统的研究工作,著者得到了一些有意义的结论,但因实际研究过程中条件和著者本身等方面的制约,本书仍存在许多不够完善的地方,有待

进一步研究,主要有以下几个方面:

（1）本书暂且只考虑火花因素（不安全动作引起的）导致的瓦斯爆炸事故,而对于瓦斯因素（不安全动作引起的）导致的瓦斯爆炸事故没有做研究,因此在以后的研究中应重点将其作为研究对象。

（2）由于时间限制,著者只是对瓦斯爆炸事故案例重点做了横向分析（事故的直接原因和间接原因）,对事故案例的纵向分析不够深入具体,以后应在这方面多做些研究工作。

本书的研究内容得到了中国矿业大学（北京）傅贵教授的精心指导,在此表示崇高的敬意和深深的感谢！在编写过程中,参考、引用了大量国内外文献资料,在此向文献的作者们表示诚挚的谢意！本书的研究和出版得到了安徽理工大学煤矿安全高效开采省部共建教育部重点实验室、安徽省煤矿安全智能精准开采工程实验室和煤炭安全精准开采国家地方联合工程研究中心资助,同时还得到了国家自然科学基金项目（51704012）、安徽省教育厅科研基金项目（SK2017A0106,SK2018A0100）的资助,在此一并表示感谢！

由于著者学识有限,书中不当之处在所难免,敬请批评指正。

著　者

2019 年 10 月

目　　录

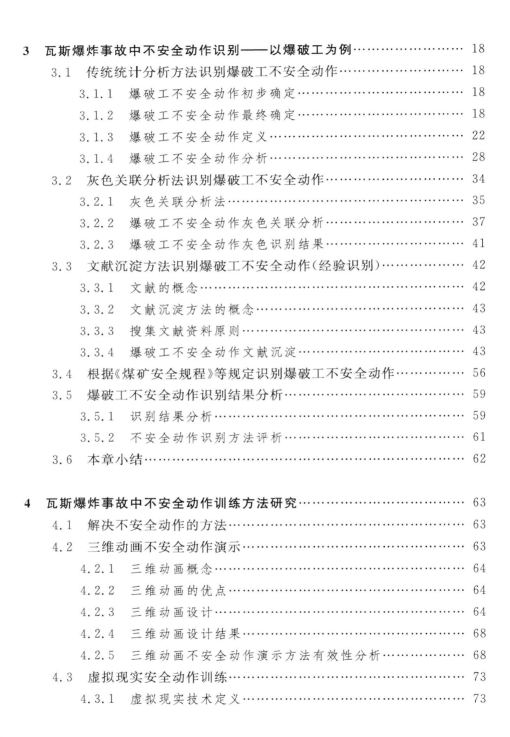

预防煤矿瓦斯爆炸的行为训练方法研究

1　绪　　论

本章将明确行为安全和不安全动作的相关定义；总结和归纳预防煤矿瓦斯爆炸研究现状、不安全动作解决方法研究现状和事故案例选择方法研究现状；阐述研究的意义、目的、内容和方法；说明研究思路。

1.1　相关概念

本书主要研究的是事故预防，但学术界对与事故密切相关的许多术语没有统一的认识。在进一步研究前，有必要首先对与本研究内容密切相关的术语进行明确。

1.1.1　行为安全

对于行为安全，人们谈论很多，但长期以来没有一个统一、严格的定义。在本书研究中，作者参照本实验室团队对行为安全多年的研究，得出"行为安全"是从安全文化建设到个人不安全动作解决的一整套事故预防理论和方法[1]（表1-1）。其具体内容如下：行为安全包括组织安全相关行为控制和个人安全相关行为控制，其中组织安全相关行为又包括安全文化和安全管理体系（体系文件及其运行过程），个人安全相关行为包括个人一次性行为和个人习惯性行为。在行为安全2-4模型中，事故的直接原因包括人的不安全动作和物的不安全状态两个原因，其中人的不安全动作又称为个人一次性行为，物的不安全状态可能是人的不安全动作的结果，也可能是个人习惯性行为的结果；个人习惯性行为也是事故的间接原因，包括安全相关知识、安全意识和安全习惯；安全管理体系为事故的根本原因；安全文化为事故的根源原因。本书主要研究的是个人安全相关行为。

表 1-1　行为安全 2-4 模型

链条名称	发展层面和阶段				发展结果	
	第 1 层面(组织行为)		第 2 层面(个人行为)			
	第 1 阶段	第 2 阶段	第 3 阶段	第 4 阶段		
行为发展	指导行为	运行行为	习惯性行为	一次性行为	事故	损失
原因分类	根源原因	根本原因	间接原因	直接原因	事故	损失
事故致因链	安全文化	安全管理体系 (含体系文件与运行过程)	安全知识 安全意识 安全习惯	不安全动作 不安全状态	事故	损失

1.1.2　不安全动作

根据行为安全 2-4 模型,不安全动作是事故的直接原因之一,也是个人行为中的一次性行为。"不安全动作"对应的英文是"unsafe act",在我国这个词语以前翻译为"不安全行为",作者实验室团队根据"act"一词的英文原意,研究发现将其翻译为"动作"更为贴切,基本是指人在引发事故时的一次性、偶发安全性动作。在本书研究中,如无特殊说明,对参考文献和本书中涉及的"一次性行为"统一称之为"不安全动作"。

1.2　研究意义和目的

1.2.1　研究意义

煤炭是我国的主体能源,占一次性能源生产和消费总量的 76% 和 69%,产量占世界的 31%[2]。随着我国国民经济快速发展、经济结构调整、技术进步和节能降耗水平的提高,未来 30～50 年内,尽管新能源和可再生能源得到推广和应用,但至 2050 年,煤炭在我国能源中的比重仍然在 50% 以上。在今后相当长的时期内,我国的能源结构仍将是以煤炭为主,国家制定了坚持以煤为主的能源战略,煤矿安全生产对国民经济发展具有重要影响。

瓦斯事故严重影响煤炭产量,据统计我国因瓦斯事故伤亡人数占煤矿总事故伤亡人数的 40% 以上[3],防治瓦斯灾害是煤矿安全生产的首要任务。瓦斯爆炸在煤矿多有发生,据原国家安全生产监督管理总局网站公布的资料统计,我国自 2000 年以来,发生一次性导致 30 人及以上死亡的事故 62 起,导致 3 697 名矿工死亡;2011 年全国 55 起较大及以上煤矿瓦斯事故中,瓦斯爆炸事故占 30 起,死亡 233 人,分别占较大及以上煤矿瓦斯事故起数及死亡人数的 54.55% 和 52.95%。其中,2011 年 10 月 29 日湖南省衡阳市霞流冲煤矿发生瓦斯爆炸事故,造成 29 人死亡。事故原因是霞流冲煤矿掘进队队员在矿井下－250 m 处违反了"一炮三检"和由瓦检员爆破的规定,致使瓦斯突出,在遇到井下－170 m 处未安装防爆装置的绞车所产生的火花而发生爆炸[4]。在百度搜索网站上分别键入乌克兰、俄罗斯、印度或土耳其等"国家名"和"瓦斯爆炸"两个词汇,可以搜索到多起煤矿瓦斯爆炸事故案例。美国 Sago 煤矿在 2006 年 1 月发生的煤矿瓦斯爆炸事故,致 12 人死亡[5]。瓦斯爆炸事故已经成为影响煤矿安全生产的最大危害之一。所以本书的研究对于世界煤炭工业生产和我国国民经济发展的意义重大。

本书的科学意义在于:

(1) 进一步完善行为安全 2-4 模型(图 1-1),对于建立健全我国的安全管理理论有重要科学意义。

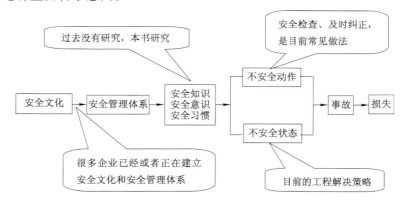

图 1-1　本书的理论线条

(2) 有文献述及,我国的事故预防策略不甚理想,主要原因是事故预防策略 80% 以上是工程策略。但是,应该注意到,该文献的研究结果表明,我国的事故预防策略中,解决人的不安全动作的论文数量正在增加。本书的研究内容恰好符合这一科学发展趋势,和国际上重在解决人的不安全动作的事故预防策略的发展趋势正好是一致的[6]。

（3）本书的训练方法，旨在反复应用，使员工养成安全的操作习惯，对于长久的事故预防很有好处。

（4）本书研究得到的结论和采用的研究方法对于预防其他的煤矿事故和各行业的安全事故均有科学意义。

1.2.2　研究目的

（1）分析得出引起煤矿瓦斯爆炸事故的行为原因。

（2）识别出引起煤矿瓦斯爆炸事故的关键工种。

（3）发现引起煤矿瓦斯爆炸事故关键工种的大量可观察的不安全动作及其统计规律。

（4）发现收集引起煤矿瓦斯爆炸事故的不安全动作数据的新途径和方法。

（5）探求减少瓦斯爆炸事故、消除不安全动作的训练方法和努力方向。

（6）选择能得到较好培训效果的事故案例。

1.3　国内外研究现状

1.3.1　预防瓦斯爆炸研究现状

目前我国国内预防瓦斯爆炸事故的主要策略是采用工程技术来解决物的不安全状态这个事故的直接原因，如抽放瓦斯、开采保护层、通风稀释等，国家每年在瓦斯治理方面的工程投资巨大。1999—2008 年我国矿业安全类研究论文的 80％ 以上的研究内容属于解决瓦斯爆炸事故的不安全状态的工程技术，只有 20％ 在员工个人层面上研究人的不安全动作这个事故的直接原因[7]。而解决人的不安全动作这个直接原因，一方面研究很少，另一方面又是主要采用加强管理、加强安全检查的做法。具体做法是密集的安全检查，检查到员工的不安全动作后采取处罚、制止等严厉措施，这称为"即时"解决方法。这种方法有很大弊病[8]，一方面，受安全检查力量的限制，24 小时持续监控全体员工的作业方式是不现实的；另一方面，一线员工的抵触情绪也是多种多样的，可能采用躲避检查的方式而使安全检查人员发现不了其不安全动作[9]。此外，"即时"纠正的效果持续时间很短，很难建立安全生产长效机制。

1.3.2 不安全动作解决方法研究现状

关于事故的不安全动作原因的研究与解决方法，国外主要采用行为观察方法(Behavior-Based Safety，BBS)。此方法可以简单描述为，在优秀的安全文化支撑之下，由安全检查人员或者作业人员轮流作为行为观察者，观察其他作业人员的作业方式，统计分析作业行为总数、安全行为的次数、不安全行为的次数，计算安全行为次数占总行为次数的百分比(安全行为指数)，重点鼓励、表彰安全行为指数高的作业人员，带动安全行为指数低的作业人员，共同提高安全行为指数，逐步减少不安全动作发生次数，达到预防事故的目的。这种方法的原理、做法虽然简单，但是自 1978 年 Komaki 首次应用以来[10]，在国际企业安全科学界引起强烈反响，在企业的应用也很多。目前，在安全科学研究上做得最多的美国，主要学术大师有 Scott Geller 和 Thomas R. Krause，前者是美国弗吉尼亚理工大学心理学系的教授、Safety Performance Solutions 咨询公司的创立者，后者是 BST 咨询公司的董事会主席，他们已将 BBS 方法推广到数千家企业。美国的 The Cambridge Center for Behavioral Studies 也是从事 BBS 研究的权威学术团体。然而，应用 BBS 方法的前提是企业需要较长的时间建立安全文化，过程漫长。此外，该方法适应我国安全法律体系(主要是安全处罚机制)也有较大的困难。

国内虽然对于引起瓦斯爆炸事故的不安全动作有所研究[11-13]，但是对不安全动作原因进行专门、深入研究还不曾有过。陈红对中国国内的煤矿事故进行了不安全动作研究，但是对瓦斯爆炸事故的行为原因(尤其是可观察的行为原因)未做具体、深入、充分的统计分析，也未设计行为解决的具体策略[14]。而且国内的研究往往基于事故报告，研究结果不够充分，规律性不强，难以作为进一步预防瓦斯爆炸事故的根据，更难以作为开发训练方法的根据。正因为如此，过去解决不安全动作的办法往往是用"即时"方法，效率低、时效短，没有成熟的、旨在使员工养成安全行为习惯的、能够长久有效的安全训练与培训方法。因此，本书的研究十分必要。

1.3.3 事故案例选择方法研究现状

现在的煤矿安全培训习惯于传统的课堂式教育，以教师为中心，而且时间紧迫，只局限于原理、技术等理论的平铺直叙，缺少必要的案例剖析和互动交流,学员始终处于被动接受的角色,不能满足不同层次员工的需求[15]。

事故案例教育是最有效的培训手段。案例是对现实生活中某一具体现象的客观描述,是带有一定典型性、具有一定借鉴意义的客观事件。案例教学最早出现在19世纪70年代的美国,为哈佛大学法学院所创立。这种教学法的目的是充分发挥学员的学习积极性和主动性,促进学员养成独立思考的习惯,较好地掌握理论知识。事故案例教育是通过对典型事故案例的解剖分析,有针对性地进行研究讨论,从个别到一般,从具体到抽象,在事故案例中进一步学习理解和掌握安全理论知识的学习方法。实践证明,事故案例教育在提高学员分析问题和解决问题的能力等方面很有成效,可以使他们从被动地接受变成主动地探寻,从生硬地记载事故转为具备安全理念和能力[16]。

然而,对事故案例教育中所用的典型事故案例的选择并没有具体依据。百色学院物理与电信工程系黄显吞、颜锦[17]结合多年教学培训经验,分析探讨了当前典型事故案例分析培训方式在电工特种作业人员安全培训中存在的问题,并提出了相应对策。在对策中针对案例选用提出了两点注意事项:一是案例的针对性和代表性,二是案例的时效性和生动性。中国平煤神马集团人力资源部杨占领[18]针对传统案例教育教学中存在的对事故案例选择不典型、分析不到位、防范措施针对性不强、缺乏相关知识链接以及事故呈现的形式不新颖、缺乏震撼力等不足,总结了所在企业开发制作煤矿典型事故案例教育教学片的一些做法。对于如何精心筛选事故案例有四点说明:一是注重案例的典型性;二是注重案例的专业性;三是注重案例的教育性;四是注重选取事故原因简单,但事故后果严重、危害性大的事故案例。山西焦煤汾西矿业集团安全技术培训中心王建明[19]认为教师在选择事故案例的过程中应注意三个问题:① 案例要能够尽量多蕴涵教材的概念和原理,即要准确切入教学内容;② 案例要能够真实和全面地模拟现实,并力求贴近本单位的实际情况;③ 案例的选择一定要有典型的代表意义。辽河金马油田开发公司生产技术科马强[20]选择案例的基本原则是:事故案例要有普遍性,要有广泛的教育性,要围绕教学目标,要贴近本单位的实际情况,以针对性案例为主。事故案例的选择和搜集主要有以下几个渠道:① 教师设计、选择事故案例;② 职工谈所见所闻的事故案例。安庆市消防支队杨帆[21]按照典型性和重要性将案例分为典型案例、一般案例、冗余案例。

国务院于2007年4月9日颁布、当年6月1日起实施的《生产安全事故报告和调查处理条例》中,按照事故的伤亡人数或者直接经济损失金额,将事故分为四个级别:特别重大事故、重大事故、较大事故和一般事故,见表1-2。

表 1-2 事故分级标准

死亡人数(X)	重伤人数(Y)	直接经济损失(Z)	事故类别
$X \geqslant 30$	$Y \geqslant 100$	$Z \geqslant 1$ 亿元	特别重大
$10 \leqslant X < 30$	$50 \leqslant Y < 100$	5 000 万元 $\leqslant Z < 1$ 亿元	重大
$3 \leqslant X < 10$	$10 \leqslant Y < 50$	1 000 万元 $\leqslant Z < 5$ 000 万元	较大
$X < 3$	$Y < 10$	$Z < 1$ 000 万元	一般

事实上,按照前述研究者所确定的指标或者《生产安全事故报告和调查处理条例》规定的四个级别选择的事故案例就是培训效果最好的事故案例,这是不能确定的,本书将在这方面进行研究。

1.4 研究内容和方法

1.4.1 研究内容

(1)瓦斯爆炸事故的行为原因分析

根据行为安全模型的阐述,可以得出瓦斯爆炸事故的行为原因分为组织行为原因和个人行为原因。本研究将结合瓦斯爆炸的基本条件得出瓦斯爆炸事故行为原因(个人行为)的科学原理,在此基础上再通过对大量煤矿瓦斯爆炸事故直接原因的统计,最后找到造成煤矿瓦斯爆炸事故的行为原因。

(2)关键工种识别

煤矿现场作业中至少有 30 种以上的工序在实际运行,作业过程比较复杂。本研究拟得到按照与瓦斯爆炸事故的个人行为原因联系紧密程度排队的工种顺序,选择排序靠前的工种作为行为训练的关键工种。

(3)关键工种的不安全动作识别

事故的不安全动作识别方法有很多种。本研究首先借助传统的统计法分析从事故报告中收集的关键工种的不安全动作数据,完成不安全动作的初识别;然后,利用灰色关联技术,对初步识别出的不安全动作进行分析,完成对不安全动作的精识别;最后,利用文献沉淀方法并根据《煤矿安全规程》等规定识别方法对前面识别结果进行确认和补充,确定可观察、适合反复训练的不安全动作,为不安全动作控制打下基础。

（4）关键工种不安全动作控制

要有效预防瓦斯爆炸事故的发生,必须控制、减少关键工种的不安全动作,培养他们良好的安全习惯。采用三维动画不安全动作演示和虚拟现实安全动作训练两种对策来解决关键工种不安全动作问题。三维动画电影手法能将煤矿瓦斯爆炸事故中的不安全动作展现出来,在宣传教育中学习到安全专业知识使受训者知其然,教授不安全动作的危害性使受训者知其所以然,改变他们本身的不安全习惯;在虚拟现实环境中,受训者经过反复训练,抛弃了不安全的动作,在实际工作中遇到同样的情景时就能自觉地做出安全的动作。

（5）事故案例选择

三维动画不安全动作演示和虚拟现实安全动作训练两种方法都涉及事故案例的选择问题,那么选择哪个事故案例作为关键工种不安全动作培训用案例效果最好? 以往的事故案例选择方法并不系统全面,只是定性选择。针对这种情况,采用调查问卷的方式对选取的样本进行调查,得出一套量化选择标准来选择事故案例,并用具体实例验证此标准的正确性。

1.4.2 研究方法

（1）通过互联网、期刊、现场调研等多种渠道,搜集煤矿瓦斯爆炸事故案例和事故统计资料,定性、定量分析事故原因。

（2）采用案例分析、对照法规和技术标准方法。

（3）运用统计学等数学工具对识别出的瓦斯爆炸事故中不安全动作进行统计分析;使用 SPSS 18.0 软件对调查问卷数据进行定量统计分析。

（4）采用调查问卷的方法,得到一套量化的赋值权重的选择事故案例方法。

1.5 技术路线

图 1-2 为本书的基本技术路线图,该图也从整体上说明了本书的研究思路。

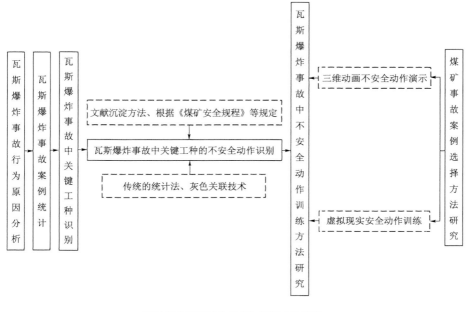

图 1-2　技术路线图

2 引起瓦斯爆炸事故的行为原因及关键工种识别

本章将从煤矿瓦斯爆炸的基本条件入手,通过对瓦斯爆炸事故行为原因的科学原理的阐述和大量煤矿瓦斯爆炸事故直接原因的统计,找出造成煤矿瓦斯爆炸事故的行为原因,并通过统计中华人民共和国成立后发生的煤矿瓦斯爆炸事故,识别引起煤矿瓦斯爆炸事故的关键作业工种。

2.1 瓦斯爆炸的基本条件

瓦斯爆炸的发生必须具备三个基本条件:

一是瓦斯浓度在爆炸界限内,一般为 5%～16%。5% 为瓦斯爆炸下限,16% 为瓦斯爆炸上限,9.5% 时瓦斯爆炸威力最大。当瓦斯浓度低于 5% 时,瓦斯在火源附近燃烧,但不能形成持续的火焰,只能起到助燃的作用。当瓦斯浓度大于 16% 时,混合气体遇火不燃烧、不爆炸;当其与新鲜空气混合时,可以在高浓度瓦斯与新风混合界面上被点燃并形成稳定的火焰。

二是有足够能量的点火源。引爆火源温度为 650～750 ℃。温度高于 650 ℃、能量大于 0.28 mJ 和持续时间大于瓦斯爆炸感应期称为引起瓦斯爆炸的点火源。在井下,常见的火源主要有:明火、煤炭自燃、电气火花、违章爆破产生的火焰等。

三是氧气浓度。瓦斯空气混合气体中氧气的浓度必须大于 12%,否则爆炸效应不能持续。

引起瓦斯爆炸的三个条件必须同时具备,缺少任何一个,瓦斯就不会爆炸。

2.2 瓦斯爆炸事故的行为原因分析

2.2.1 瓦斯爆炸事故行为原因的科学原理

本书研究所依据的科学原理是行为安全 2-4 模型,如表 1-1 所示。根据美国海因里希[22]、杜邦以及美国国家安全理事会等的权威研究,80％以上的安全事故是由于人的不安全动作所引起的。进一步分析,事故的间接原因基本上与人的因素(知识、意识和习惯)有关[23]。所以,解决人的因素对事故预防来说至关重要。根据瓦斯爆炸的基本条件,通常情况下第三个条件在煤矿井下生产场所都是具备的,否则工人无法呼吸,所以不能称其为事故原因;第一个条件是事故的直接原因之一,主要属于物的不安全状态;第二个条件也是事故的直接原因之一,主要属于人的不安全动作。本书主要研究解决人的不安全动作这个瓦斯爆炸事故的直接原因。解决的途径是通过解决引起瓦斯爆炸事故的三方面间接原因来消除引起事故的直接原因,进而达到预防瓦斯爆炸事故的目的。

2.2.2 10 起重大瓦斯爆炸事故统计分析

根据近年来我国发生的重大煤矿瓦斯爆炸事故,寻找引起瓦斯爆炸事故发生的共性行为原因。表 2-1 所列为我国 2000 年后发生的 10 起特别重大煤矿瓦斯(煤尘)爆炸事故及其火源和瓦斯积聚的原因统计数据。

表 2-1　我国 2000 年后 10 起特别重大瓦斯(煤尘)爆炸事故原因分析

序号	事故时间	死亡人数	矿井瓦斯等级	点火原因(爆破工不安全动作)	瓦斯积聚原因
1	2001-07-22	92	低	工人违章不使用发爆器,明火爆破	发生事故的采煤工作面回采后,采空区冒落严重,巷道被堵塞,工作面处于独头无风状态,无人处理
2	2002-07-04	39	高	一次装药,多次爆破;封孔长度不够	发生事故的工作面局部通风机电源开关被断开
3	2002-12-02	30	低	未充填炮泥	局部通风机安装位置不当,工作面循环风

表 2-1(续)

序号	事故时间	死亡人数	矿井瓦斯等级	点火原因（爆破工不安全动作）	瓦斯积聚原因
4	2004-04-30	36	低	封孔不使用水炮泥，使用碎煤充填炮眼	工作面长期无风作业
5	2004-11-28	166	高	在老空区爆破没有探明情况	没有采取措施解决瓦斯积聚的隐患
6	2005-03-19	72	低	没有封炮眼；明火爆破	矿井有效风量不足且风流短路，无人处理
7	2005-05-19	50	高	放糊炮	采煤工作面通风系统混乱，且采煤工作面下溜煤道被大块煤矸堵塞，无人处理
8	2005-07-02	36	低	不使用安全炸药；未使用炮泥、水炮泥填塞炮眼	掘进工作面局部通风机安装位置违反《煤矿安全规程》规定，造成该工作面形成循环风，使瓦斯局部积聚并达到爆炸浓度
9	2005-10-03	34	高	施工的炮眼向采空区方向倾斜，最小抵抗线不够	采空区瓦斯处理不当，导致瓦斯积聚
10	2007-04-16	31	低	放明炮	未及时处理因冒顶而停机的局部通风机

统计表明，瓦斯爆炸事故发生的直接原因多是由人的不安全动作导致的，人的不安全动作或直接导致了引爆瓦斯的火花的产生，或直接导致了瓦斯积聚，或同时导致两者发生。控制人的不安全动作是预防瓦斯事故发生的关键所在。

2.2.3 3 起瓦斯爆炸事故原因深入分析

2.2.3.1 山西瓦斯爆炸事故案例

（1）案例描述

2005 年 7 月 2 日，山西省某矿下山采区 511 掘进工作面局部通风机安装位置违反《煤矿安全规程》规定，造成该工作面形成循环风，使瓦斯局部积聚并达到爆炸浓度；爆破工爆破时未使用炮泥、水炮泥填塞炮眼，爆破产生火焰引起瓦斯爆炸，共造成 36 人死亡，11 人受伤，直接经济损失 1 185.2 万元。经事故调查组认定,这次瓦斯爆炸事故为一起责任事故。

（2）原因分析

事故直接原因：

① 未使用煤矿许用炸药,使用了非煤矿许用炸药2号岩石铵梯炸药,该类炸药爆破时会出现持续较长时间的火焰。《煤矿安全规程》第三百五十条明确规定：井下爆破作业,必须使用煤矿许用炸药和煤矿许用电雷管。煤矿许用炸药的选用必须遵守下列规定：低瓦斯矿井的岩石掘进工作面,使用安全等级不低于一级的煤矿许用炸药；低瓦斯矿井的煤层采掘工作面、半煤岩掘进工作面,使用安全等级不低于二级的煤矿许用炸药；高瓦斯矿井,使用安全等级不低于三级的煤矿许用炸药；突出矿井,使用安全等级不低于三级的煤矿许用含水炸药。

② 未使用炮泥、水炮泥填塞炮眼,爆破产生火焰引起瓦斯爆炸。《煤矿安全规程》第三百五十八条中明确规定：炮眼封泥必须使用水炮泥。

③ 下山采区511掘进工作面局部通风机安装位置违反《煤矿安全规程》规定,造成该工作面形成循环风,使瓦斯局部积聚并达到爆炸浓度。《煤矿安全规程》第一百六十四条明确规定：压入式局部通风机和启动装置安装在进风巷道中,距掘进巷道回风口不得小于10 m；全风压供给该处的风量必须大于局部通风机的吸入风量,局部通风机安装地点到回风口间的巷道中的最低风速必须符合《煤矿安全规程》第一百三十六条的要求。

事故间接原因：

① 爆破工缺乏安全知识,安全习惯不佳,过去爆破从未使用炮泥或水泡泥填塞炮眼。

② 局部通风机安装工安全意识淡薄,安全知识不足。事故发生前井下有14个掘进工作面,只有2台5.5 kW局部通风机,且没有按照《煤矿安全规程》规定位置安装局部通风机,造成工作面形成循环风。

③ 爆破工安全知识不足,使用了非煤矿许用炸药2号岩石铵梯炸药。

2.2.3.2 吉林瓦斯爆炸事故案例

（1）案例描述

2002年7月4日,吉林省某矿发生一起特别重大瓦斯煤尘爆炸事故,共造成39人死亡,11人受伤,直接经济损失300万元。该市煤矿安全监察办事处曾几次对该矿进行安全监察,要求该矿停止井下一切作业。特别是7月3

日上午,发现该井违规生产,责令其停止生产,并做出了现场行政处罚决定,但矿主拒不执行,当日下午4时又组织工人进行生产,导致悲剧发生。

（2）原因分析

事故直接原因：

① 矿领导违法组织生产。

② 封孔长度不够。《煤矿安全规程》第三百五十八条规定：无封泥、封泥不足或者不实的炮眼,严禁爆破。第三百五十九条规定：炮眼深度和炮眼的封泥长度应当符合下列要求：炮眼深度小于0.6 m时,不得装药、爆破；在特殊条件下,如挖底、刷帮、挑顶确需进行炮眼深度小于0.6 m的浅眼爆破时,必须制定安全措施并封满炮泥；炮眼深度为0.6～1 m时,封泥长度不得小于炮眼深度的1/2；炮眼深度超过1 m时,封泥长度不得小于0.5 m；炮眼深度超过2.5 m时,封泥长度不得小于1 m；深孔爆破时,封泥长度不得小于孔深的1/3；光面爆破时,周边光爆炮眼应用炮泥封实,且封泥长度不得小于0.3 m；工作面有2个及以上自由面时,在煤层中最小抵抗线不得小于0.5 m,在岩层中最小抵抗线不得小于0.3 m。浅孔装药爆破大岩石时,最小抵抗线和封泥长度都不得小于0.3 m。

③ 违章采用一次装药分期爆破的方法,爆破产生火焰引起瓦斯爆炸,煤尘参与爆炸。《煤矿安全规程》第三百五十一条规定：在掘进工作面应当全断面一次起爆,不能全断面一次起爆的,必须采取安全措施；在采煤工作面可分组装药,但一组装药必须一次起爆。

④ 该工作面局部通风机电源开关被断开,致使瓦斯积聚。《煤矿安全规程》第一百六十四条明确规定：局部通风机由指定人员负责管理。

事故间接原因：

① 矿领导安全意识淡薄,在市煤矿安全监察办事处做出行政处罚情况下还继续组织生产。

② 爆破工安全知识缺乏,封孔长度不够还继续爆破。

③ 爆破工缺乏安全意识,违章采用一次装药分期爆破的方法爆破。

④ 矿领导缺乏安全知识,没有指定人员负责管理该工作面局部通风机,致使局部通风机无人看管,电源开关被断开。

2.2.3.3 江苏瓦斯爆炸事故案例

（1）案例描述

2001 年 7 月 22 日,江苏省某矿井发生一起特别重大瓦斯煤尘爆炸事故,造成 92 人死亡(其中女工 23 人),直接经济损失 538.22 万元。

(2) 原因分析

事故直接原因:

① 据调查发现,发生事故的矿井实际上是一个未取得有效合法证件并得到地方政府及有关部门默许认可的非法生产的独眼井,管理者忽视了安全与生产、效益与安全的关系。

② 工人违章不使用发爆器,明火爆破产生火焰引起瓦斯爆炸。《煤矿安全规程》第三百三十五条规定:井下爆破必须使用发爆器。开凿或者延深通达地面的井筒时,无瓦斯的井底工作面中可使用其他电源起爆,但电压不得超过 380 V,并必须有电力起爆接线盒。发爆器或者电力起爆接线盒必须采用矿用防爆型(矿用增安型除外)。

③ 发生事故的工作面回采后,采空区冒落严重,巷道被堵塞,工作面处于独头无风状态,无人处理。

事故间接原因:

① 管理者安全意识淡薄,在未取得有效合法证件的情况下生产。

② 爆破工安全习惯不佳,经常明火爆破,特别是发生事故的这个班不使用发爆器爆破的现象比较严重。

③ 通风员缺乏安全意识,工作面处于独头无风状态却无人处理。

2.2.3.4 三起瓦斯爆炸事故原因

通过分析以上三起瓦斯爆炸事故原因可知,导致瓦斯爆炸事故的直接原因(不安全动作)有三种:一种为爆破工未使用煤矿许用炸药等不安全动作引起引爆瓦斯的火花产生;另一种是局部通风机安装工没有按照《煤矿安全规程》规定位置安装局部通风机等不安全动作导致瓦斯积聚;第三种为管理层(管理者)的不安全动作(属于不安全动作中的间接动作),即违章指挥,违法组织生产,不能正确处理安全与生产、安全与效益的关系,当安全工作与生产或其他工作发生矛盾和冲突时,不能做到生产为安全让路,生产服从于安全,而是把"安全第一,预防为主"的安全生产方针撂在一边。间接原因是人的安全知识不足、安全意识不高、安全习惯不佳。综上可以得出:人的不安全动作是事故发生的直接原因,而不安全动作是可以避免的,所以瓦斯爆炸事故是可以预防的,预防瓦斯爆炸事故的关键问题就是控制人的动作。

2.2.4 瓦斯爆炸事故行为原因

从以上瓦斯爆炸事故行为原因的科学原理和瓦斯爆炸事故统计分析得出,煤矿瓦斯爆炸事故发生的直接原因多是由员工(包括管理者)的不安全动作导致的,员工的不安全动作或导致了引爆瓦斯的火花的产生、或导致了瓦斯的积聚等,控制、减少煤矿员工的不安全动作对预防瓦斯爆炸尤为关键。

2.3 瓦斯爆炸事故中关键工种识别

引起瓦斯爆炸事故的工种包括爆破工、电工、瓦检员等。统计 1949—2010 年间我国发生的 777 起煤矿瓦斯爆炸事故,共计死亡 15 658 人。其中,人的原因(不安全动作)引起的事故数量和死亡人数占很大比例。人的原因中以爆破工不安全动作引起的瓦斯爆炸次数最多,发生 236 起,占总次数的 30.4%;因爆破工不安全动作引起的瓦斯爆炸致死的人数最多,死亡 4 905 人,占总死亡人数的 31.3%。不同类型工种引起的瓦斯爆炸事故发生次数和死亡人数见表 2-2。

表 2-2　1949—2010 年间瓦斯爆炸事故次数和死亡人数分类

工种类型	事故数/次	死亡数/人
爆破工	236	4 905
电工	87	2 017
瓦检员	26	495
采煤打眼工	20	488
局部通风机司机	8	110
管理层	18	458
小绞车司机	1	34
杂工(通用不安全动作)	169	3 363
其他(物因)	212	3 788
总计	777	15 658

注:管理层指企业机关科室正职以上领导干部;杂工(通用不安全动作)指所有员工都有可能产生的不安全动作,没有工种之分,井下矿工所能到达的范围都有可能存在通用不安全动作。

从分析可知,在所有的瓦斯爆炸事故中,爆破工引起的瓦斯爆炸频率不仅最高,而且因爆破工引起的瓦斯爆炸致死人数也最多,所以爆破工为瓦斯爆炸事故中的关键工种。可以看出,防治由爆破工引起的瓦斯爆炸是治理瓦斯爆炸事故的主要任务,只有这样才能更有效地防治瓦斯爆炸事故的发生。

2.4 本章小结

本章主要得出瓦斯爆炸事故的行为原因和引起瓦斯爆炸事故的关键工种。结合瓦斯爆炸的基本条件和行为安全模型,得出瓦斯爆炸事故行为原因的科学原理;同时统计分析了 2000 年后 10 起特大瓦斯爆炸事故,并深入分析了 3 起事故。在此基础上得出瓦斯爆炸事故的行为原因,即煤矿瓦斯爆炸事故发生的直接原因多是由员工(包括管理者)的不安全动作导致的,员工的不安全动作或导致了引爆瓦斯的火花的产生、或导致了瓦斯的积聚。通过对 1949—2010 年间发生的瓦斯爆炸事故的统计得出,爆破工引起的瓦斯爆炸次数最多(发生 236 起),且因爆破工引起的瓦斯爆炸致死的人数也最多(死亡 4 905 人),因此得出爆破工为煤矿瓦斯爆炸事故中的关键作业工种。

3　瓦斯爆炸事故中不安全动作识别
——以爆破工为例

本章主要准备通过各种方法,识别发现引起煤矿瓦斯爆炸事故关键工种的大量可观察的不安全动作及其统计规律,探讨引起煤矿瓦斯爆炸事故的不安全动作数据收集的新途径和方法。

从第 2 章可知,由爆破工引起的瓦斯爆炸事故数量和死亡人数均是最多的,所以本章重点以爆破工为例来具体说明不安全动作是如何识别得出的,并对识别出的爆破工不安全动作进行统计分析。

3.1　传统统计分析方法识别爆破工不安全动作

以往的案例分析一般是根据事故调查报告进行分析,统计出不安全动作原因的类别。这种传统的统计方法可以简单、实用地识别出事故中可能会发生的不安全动作。

3.1.1　爆破工不安全动作初步确定

通过对爆破工工种引起的 236 起瓦斯爆炸事故案例进行分析,去除其中 93 起找不到具体不安全动作的事故案例,暂且只考虑火花因素导致的瓦斯爆炸事故,从剩下的 143 起瓦斯爆炸事故案例中归类得到"领取的发爆器接线柱破损"等 31 种爆破工不安全动作,结果如表 3-1 所示。

3.1.2　爆破工不安全动作最终确定

为更加准确地确定爆破工的不安全动作,依据以下原则,对初步确定的爆破工不安全动作进一步进行合并、拆分等。

（1）合并

对含义相近或相似的不安全动作,合并为一个不安全动作。例如"领取的

表 3-1　爆破工不安全动作初定统计表

编号	爆破工不安全动作	发生次数/次
1	领取的发爆器接线柱破损	1
2	领取的发爆器开关不防爆	2
3	做发爆器短路试验	3
4	使用非爆破母线爆破	2
5	不使用安全炸药	6
6	存放炸药位置不当	1
7	存放雷管位置不当	1
8	在老空区爆破没有采取措施	6
9	巷道贯通爆破没有采取措施	1
10	炮眼里煤粉没掏或没掏干净	2
11	未将药卷紧密接触	1
12	在有瓦斯和煤尘爆炸危险的爆破地点采用反向爆破	3
13	装药量过多	1
14	没有封炮眼	7
15	放糊炮	8
16	封孔不使用水炮泥	21
17	封泥长度不够	27
18	爆破时未掩盖好设备	1
19	多母线爆破	1
20	明火爆破	2
21	明火、明电爆破	21
22	用发爆器检查爆破母线	3
23	悬挂母线位置不当	1
24	没有包好爆破母线接头	17
25	未检查爆破母线	1
26	没有检查爆破连接线	1
27	未连接好发爆器接线柱和母线	13
28	同时起爆两台发爆器	1
29	一次装药,多次爆破	7
30	爆破后检查不仔细,使炸药残质复燃	2
31	处理瞎炮方法不当	1
总计		165

发爆器接线柱破损"和"领取的发爆器开关不防爆"两个不安全动作可以合并为一个不安全动作,即"没领取合格的发爆器",具体合并情况如表 3-2 所示。

表 3-2　不安全动作合并

初步确定的不安全动作	合并后的不安全动作
领取的发爆器接线柱破损	没领取合格的发爆器
领取的发爆器开关不防爆	
存放炸药位置不当	存放爆炸材料位置不当
存放雷管位置不当	
明火爆破	明火、明电爆破
明火、明电爆破	
未检查爆破母线	爆破前没有检查线路
没有检查爆破连接线	

（2）拆分

对于一个不安全动作含义里面有并列关系的,拆分为两个不安全动作。例如"炮眼里煤粉没掏或没掏干净"可以拆分为"没有清理炮眼里的煤粉"和"未将炮眼内煤粉掏净"两个不安全动作,具体拆分情况如表 3-3 所示。

表 3-3　不安全动作拆分

初步确定的不安全动作	拆分后的不安全动作
炮眼里煤粉没掏或没掏干净	没有清理炮眼里的煤粉
	未将炮眼内煤粉掏净

（3）规范

因为表 3-1 所列的不安全动作是根据事故案例统计总结出来的,部分不安全动作用语相对而言不准确、规范,所以按照《煤矿安全规程》等法律法规对这些不安全动作重新进行规范。例如"做发爆器短路试验"可以用比较规范的用语"用短路的方法检查发爆器"代替,具体规范情况如表 3-4 所示。

表 3-4　不安全动作规范

初步确定的不安全动作	规范后的不安全动作
做发爆器短路试验	用短路的方法检查发爆器
封泥长度不够	未填足封泥
用发爆器检查爆破母线	发爆器打火放电检测电爆网路

（4）具体化

为更加清楚地表明爆破工不安全动作，结合《煤矿安全规程》等法律法规对表达不清楚的不安全动作重新表明。例如"在老空区爆破没有采取措施"可以用"距采空区 15 m 前，没有打探眼"表明，具体情况如表 3-5 所示。

表 3-5　不安全动作具体化

初步确定的不安全动作	具体化后的不安全动作
在老空区爆破没有采取措施	距采空区 15 m 前，没有打探眼
巷道贯通爆破没有采取措施	距贯通地点 5 m 内，没有打超前探眼
同时起爆两台发爆器	在一个采煤工作面使用两台发爆器同时进行爆破

通过以上合并、拆分等处理，最终得出爆破工引起瓦斯爆炸事故的 28 种不安全动作，结果如表 3-6 所示，原始统计数据详情见附录 1。

表 3-6　爆破工 28 种不安全动作统计表

编号	爆破工不安全动作	出现次数/次	比率/%	排序
1	没领取合格的发爆器	3	1.8	11
2	用短路的方法检查发爆器	3	1.8	12
3	使用非爆破母线爆破	2	1.2	15
4	不使用安全炸药	6	3.6	9
5	存放爆炸材料位置不当	2	1.2	16
6	距采空区 15 m 前，没有打探眼	6	3.6	10
7	距贯通地点 5 m 内，没有打超前探眼	1	0.6	20
8	没有清理炮眼里的煤粉	1	0.6	21
9	未将炮眼内煤粉掏净	1	0.6	22
10	未将药卷紧密接触	1	0.6	23

表 3-6(续)

编号	爆破工不安全动作	出现次数/次	比率/%	排序
11	在有瓦斯和煤尘爆炸危险的爆破地点采用反向爆破	3	1.8	13
12	装药量过多	1	0.6	19
13	没有封炮眼	7	4.2	7
14	放糊炮	8	4.8	6
15	封孔不使用水炮泥	21	12.7	3
16	未填足封泥	27	16.4	1
17	爆破时未掩盖好设备	1	0.6	24
18	多母线爆破	1	0.6	25
19	明火、明电爆破	23	13.9	2
20	发爆器打火放电检测电爆网路	3	1.8	14
21	悬挂母线位置不当	1	0.6	26
22	没有包好爆破母线接头	17	10.3	4
23	爆破前没有检查线路	2	1.2	17
24	未连接好发爆器接线柱和母线	13	7.9	5
25	在一个采煤工作面使用两台发爆器同时进行爆破	1	0.6	27
26	一次装药,多次爆破	7	4.2	8
27	爆破后检查不仔细,使炸药残质复燃	2	1.2	18
28	处理瞎炮方法不当	1	0.6	28

3.1.3 爆破工不安全动作定义

为了使爆破工不安全动作的概念清晰明了,按照我国《企业职工伤亡事故分类》(GB 6441—1986)[24]对不安全动作的定义方式,结合《煤矿安全规程》等规定,对最终确定的爆破工 28 种不安全动作进行定义。不安全动作定义内容包括:不安全动作的详细解释、不安全动作包含内容、不安全动作产生的后果及正确的动作。

(1) 没领取合格的发爆器

领取的发爆器不合格,有下列现象:发爆器有裂缝或螺丝未固紧;发爆器接线柱锈蚀、滑丝;其他。由于碰摔发爆器使其出现裂缝或螺丝未固紧等现象,通电时,就有可能产生电火花并从裂缝中喷出,使壳外的瓦斯发生燃烧或爆炸;发爆器出现接线柱锈蚀、滑丝情况时,爆破母线与发爆器往往接触不良,导致网络电阻过大,产生拒爆或发生打火现象,引爆瓦斯。正确的做法是:领取发爆器时,检查发爆器的外壳是否有裂缝,固定螺丝是否上紧,接线柱、防尘小盖等部件是否完整,毫秒开关是否灵活。

（2）用短路的方法检查发爆器

用两个接线柱连线短路打火的方法检查发爆器输出电量的大小、有无残余电荷和用发爆器检查母线导通,这样很容易击穿电容及其他元件,损坏发爆器;更加危险的是产生电火花,容易引爆瓦斯和煤尘。正确的做法是:领取发爆器时对其做性能检查。检查发爆器的输出电能,并对氖气灯泡做一次试验检查,若氖气灯泡在少于发爆器规定的充电时间内（一般在 12 s 以内）闪亮,表明发爆器正常;若发现氖气灯泡不亮应及时更换;若发爆器使用的时间过长,应检查它是否在 3～6 ms 内输出足够的电能和自动切断电源,停止供电。

（3）使用非爆破母线爆破

用电雷管脚线等代替爆破母线爆破,会造成短路产生火花,引起瓦斯爆炸。正确的做法是:为防止漏电、折损和短路,爆破母线应注意选用电阻小、绝缘良好及柔软性强的导线,例如橡胶铜芯或聚氯乙烯钢芯双线电缆的母线。

（4）不使用安全炸药

如果在煤矿井下使用不安全的炸药,如非煤矿安全炸药、黑火药、冻结或半冻结的硝化甘油类炸药、含水超过 0.5％的铵梯炸药、硬化到不能用手揉松的硝酸铵类炸药、2 号硝铵炸药、劣质炸药及其他炸药,爆破火源会引起积聚的瓦斯发生瓦斯爆炸事故。正确的做法是:领取作业规程规定的煤矿安全炸药。

（5）存放爆炸材料位置不当

将爆破材料如炸药、电雷管乱扔、乱放;其他。正确的做法是:炸药、电雷管分开存放在专用的爆炸材料箱内并保持安全距离,且专用爆炸材料箱应加锁存放在离工作面地点 50 m 以外的顶板完好、支架完整、无电器设施、不潮湿的安全地点。

（6）装药量过多

装药量过多,相对来说炮泥充填的长度就要减少,瓦斯、煤尘爆炸的可能性就会增加。正确的做法是:根据实际情况确定好炸药数量。

（7）距采空区 15 m 前,没有打探眼爆破地点距采空区 15 m 前,没有打探眼探明采空区的准确位置,导致爆破崩通采空区,向采空区串火,明火引爆瓦斯。正确的做法是:爆破地点距采空区 15 m 前,必须通过打探眼、探钻等有效措施,探明采空区的准确位置范围和水、火、瓦斯等情况,必须根据探明的情况采取措施进行处理。

（8）距贯通地点 5 m 内,没有打超前探眼

爆破地点距贯通地点 5 m 内时,没有打超前探眼探明贯通地点的准确位置,导致爆破崩透工作面,明火引起瓦斯爆炸。正确的做法是:距贯通地点 5 m 内,要在工作面中心位置打超前探眼,探眼深度要大于炮眼深度 1 倍以上,炮眼内不准装药,在有瓦斯工作面,爆破前用炮泥将探眼填满。

（9）没有清理炮眼里的煤粉

爆破工爆破时装药没有清除炮眼内的煤粉,爆破产生的高温点燃炮眼内的煤粉和瓦斯,发生瓦斯爆炸。正确的做法是:装药前,首先必须清除炮眼内的煤粉或岩粉。

（10）未将炮眼内煤粉掏净

爆破工清理炮眼里的煤粉时没有将煤粉掏干净,当炸药为负氧平衡或者因炮眼内残留煤粉以及半爆或爆燃等原因,都会产生大量的可燃性气体（H_2/CO/CH_4/NH_3 等）。这些气体与矿井瓦斯（浮尘）混合后,形成"二次火焰",易于引燃矿井瓦斯或煤尘。正确的做法是:装药前,清理炮眼里的煤粉时用掏勺将煤粉清理干净。

（11）未将药卷紧密接触

炮眼里的煤、岩粉使装入炮眼的药卷不能装药到眼底,或者药卷之间不能密实接触,影响爆炸能量的传播,以致造成残爆、拒爆和爆燃,并留下残眼。正确的做法是:装药时使药卷间密实接触。

（12）在有瓦斯和煤尘爆炸危险的爆破地点采用反向爆破

在有瓦斯和煤尘爆炸危险的爆破地点,不提倡采用反向爆破。反向起爆时,炸药的爆轰波和固体颗粒的传递与飞散方向是向着眼口的。当这些微粒飞过预先被气态爆炸产物所加热的瓦斯时,很容易使瓦斯点燃。正确的做法是:在有瓦斯和煤尘爆炸危险的爆破地点采用正向爆破,即装药时先装药卷,后装引药,引药的聚能穴朝向眼底。

（13）没有封炮眼

爆破工装药后没有封炮眼,起爆后产生爆破火焰,引起瓦斯爆炸。正确的

做法是:装药后应用水炮泥将炮眼封住。

（14）放糊炮

放糊炮是指在爆破地点不打炮眼,将炸药药卷用炮泥直接糊靠在大块煤、岩石表面上爆破。用爆破的方法崩落卡在溜煤眼中的煤、矸,也属于放糊炮。所以糊炮产生的火焰暴露在空气之中,最容易引起瓦斯、煤尘爆炸。此外,由于糊炮的爆破方向和爆炸能量都不易控制,所以难以防止崩倒和崩坏支架,容易造成冒顶事故;也难以防止崩坏工作面的机械和电气设备以及其他事故。由于糊炮在空气中的震动强烈,容易把支架和煤、岩帮上的落尘震起来,使工作面粉尘浓度增大。正确的做法是:爆破必须在爆破地点打炮眼,将炸药药卷和引药装进炮眼后进行封孔。处理卡在溜煤(矸)眼中的煤、矸时,如果确无爆破以外的办法,可爆破处理,但必须遵守下列规定:

① 必须采用取得煤矿矿用产品安全标志的用于溜煤(矸)眼的煤矿许用刚性被筒炸药或不低于该安全等级的煤矿许用炸药。

② 每次爆破只准使用 1 个煤矿许用电雷管,最大装药量不得超过 450 g。

③ 爆破前必须检查溜煤(矸)眼内堵塞部位的上部和下部空间的瓦斯。

④ 爆破前必须洒水。

（15）封孔不使用水炮泥

封孔时使用了如下材料:炮纸;顶板泥和煤渣混合;煤块、碎煤;不燃性材料;其他。当炸药为负氧平衡或因炮眼内残留煤粉或以药纸封孔或蜡纸含蜡量过高以及半爆或爆燃等原因,都会产生大量的可燃性气体(H_2/CO/CH_4/NH_3 等),这些气体与矿井瓦斯(浮尘)混合后,形成"二次火焰",易于引燃矿井瓦斯或煤尘。正确的做法是:封孔应使用水炮泥。

（16）未填足封泥

装填封泥时,有如下状况:炮眼封泥过少;炮泥没有装满;炮孔充填不严;其他。这种致使最小抵抗线不够,爆破产生火焰,引起瓦斯煤尘爆炸。正确的做法是:装填封泥时要按照《煤矿安全规程》规定标准装满填实。炮眼深度和炮眼的封泥长度应符合下列要求:

① 炮眼深度小于 0.6 m 时,不得装药、爆破;在特殊条件下,如挖底、刷帮、挑顶确需浅眼爆破时,必须制定安全措施,炮眼深度可以小于 0.6 m,但必须封满炮泥。

② 炮眼深度为 0.6～1 m 时,封泥长度不得小于炮眼深度的 1/2。

③ 炮眼深度超过 1 m 时,封泥长度不得小于 0.5 m。

④ 炮眼深度超过 2.5 m 时,封泥长度不得小于 1 m。

⑤ 光面爆破时,周边光爆炮眼应用炮泥封实,且封泥长度不得小于 0.3 m。

⑥ 工作面有 2 个或 2 个以上自由面时,在煤层中最小抵抗线不得小于 0.5 m,在岩层中最小抵抗线不得小于 0.3 m。浅眼装药爆破大岩块时,最小抵抗线和封泥长度都不得小于 0.3 m。

(17) 爆破时未掩盖好设备

爆破时没有掩盖的设备包括:机器;液压支架;电缆;电煤钻;其他。采用安全炸药时,因炸药能量主要用于破碎和抛掷,形成空气冲击波的能量较小,引燃瓦斯的可能性不大。但若工作面附近存在有反射障碍物时,因反射波压力、温度和作用时间较入射波要大得多,冲击波的强度将会呈若干倍增加,当这种冲击波的作用时间大于该温度的瓦斯和煤尘的爆炸感应时间,特别是装药量过大时,就有可能引燃瓦斯和煤尘。正确的做法是:爆破前,加强对机器、液压支架和电缆等设备的保护或将其移出工作面。

(18) 多母线爆破

爆破时采用多芯或多根导线作爆破母线,多母线爆破的危害有:① 多母线爆破的每炮延期时间至少为 2 s,先响的炮松动了就近的煤层,加速了煤层中瓦斯向外泄出;与此同时,也震动了邻近炮眼中的封泥,使孔内积聚起来的带有一定压力的瓦斯向外涌出,很容易被后响的炸药高温火焰所点燃而发生瓦斯燃烧或爆炸事故。② 多母线爆破每起爆一次,即有一根导线与发爆器的另一个接线柱对接,在接触中很容易产生电火花。③ 多母线爆破的炮与炮之间不能检查瓦斯,要一连串把所联各炮放完,违反了炮前炮后检查瓦斯和"一炮三检"的安全管理制度,很容易引起瓦斯和煤尘爆炸事故。④ 在有瓦斯和煤尘爆炸危险的采掘工作面,要求爆破母线的接头必须用绝缘材料包扎好,特别是在靠近工作面附近不得用雷管脚线或其他明线代替。而多母线爆破的多个母线接头不仅靠近工作面,而且均不包扎,属于明线。在井下使用电容式发爆器的情况下,不合格的爆破母线完全能够成为引燃积聚瓦斯的火源。正确的做法是:用两根材质、规格相同的绝缘导线作爆破母线,且爆破时采用单回路爆破。

(19) 明火、明电爆破

在井下爆破不使用发爆器,用明火、明电爆破包括:用电插销爆破;用煤电钻电源插销爆破;用矿灯作电源爆破;用多支捆绑 1 号干电池联线爆破;用电缆爆破;用动力线明电爆破;其他。正确的做法是:在煤矿井下使用发爆器进行爆破。

（20）发爆器打火放电检测电爆网路

用发爆器放电来试验爆破母线的导通情况或检测电爆网路;其他。这种做法容易产生电火花,引起瓦斯爆炸。正确的做法是:用线路电桥仪、导通表等测试电爆网路。

（21）悬挂母线位置不当

爆破母线放在淋水下面或积水潮湿的地方;与电缆悬挂在一起;从电气设备上方通过;母线与轨道、金属管、金属网、钢丝绳、刮板输送机等接触;其他。正确的做法是:爆破母线悬挂在不与其他物体接触的地方。

（22）没有包好爆破母线接头

由于没有包好爆破母线接头,导致母线短路;母线多处明接头;其他。这种做法在爆破时会产生火花,引起瓦斯爆炸。正确的做法是:爆破母线每个接头要用绝缘胶布包好。

（23）爆破前没有检查线路

爆破前,爆破工未检查爆破母线;未检查连接线;其他。这种做法会导致通电后爆破母线短路或明接头碰撞产生电火花,引爆附近积聚的瓦斯。正确的做法是:爆破前由爆破工一人检查线路。

（24）未连接好发爆器接线柱和母线

发爆器的接线柱螺丝未拧紧;爆破母线与发爆器扭接不牢;发爆器接线柱锈蚀拧不动;发爆器与母线之间用雷管引线交接;将爆破母线和发爆器接线柱相接触;将一根爆破母线与发爆器的接线柱接好,另一根爆破母线与发爆器没有螺母的接线柱接触;其他。正确的做法是:将爆破母线牢固地接在发爆器的接线柱上。

（25）在一个采煤工作面使用两台发爆器同时进行爆破

一个工作面使用两台发爆器分段同时爆破,造成工作面风流中产生大量悬浮煤尘及瓦斯超限,在紧接第二次爆破时,爆破产生的空气冲击波和炽热的固体颗粒极易引发瓦斯或煤尘爆炸。正确的做法是:一个采煤工作面同一时间使用一台发爆器进行爆破。

（26）一次装药,多次爆破

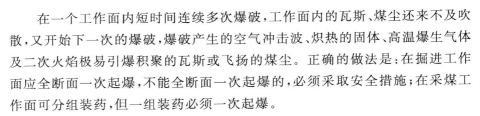

在一个工作面内短时间连续多次爆破,工作面内的瓦斯、煤尘还来不及吹散,又开始下一次的爆破,爆破产生的空气冲击波、炽热的固体、高温爆生气体及二次火焰极易引爆积聚的瓦斯或飞扬的煤尘。正确的做法是:在掘进工作面应全断面一次起爆,不能全断面一次起爆的,必须采取安全措施;在采煤工作面可分组装药,但一组装药必须一次起爆。

(27)爆破后检查不仔细,使炸药残质复燃

爆破后检查不仔细,爆炸后的残存火源复燃。当爆炸产物中的炽热固体产物,或炸药爆炸不完全使一部分尚未分解或正处于燃烧的炸药颗粒,从炮眼中飞出与瓦斯(浮尘)和空气混合物接触时,若接触时间超过感应时间,就能引起瓦斯燃烧或瓦斯和煤尘的爆炸。正确的做法是:爆破后,待工作面的炮烟被吹散,爆破工、瓦斯检查工和班组长首先巡视爆破地点,检查通风、瓦斯、煤尘、顶板、支架、拒爆、残爆等情况,如有危险情况立即处理。

(28)处理瞎炮方法不当

用镐刨或从炮眼中取出原放置的起爆药卷或从起爆药卷中拉出电雷管;用打眼的方法往外掏药;用压风吹瞎炮(拒爆)或残爆炮眼;其他。正确的方法是:在距拒爆炮眼 0.3 m 以外另打与拒爆炮眼平行的新炮眼,重新装药起爆。

3.1.4 爆破工不安全动作分析

(1)不安全动作次数与年份的关系

结合附录 1 的统计数据资料,对爆破工不安全动作出现次数与对应的年份进行了回归,得到爆破工不安全动作出现次数与年份的关系,结果如图 3-1 所示。从图中可以看出,爆破工不安全动作出现次数与年份之间存在正相关关系,爆破工不安全动作出现次数随年份的增加而增多。分析导致这种状况的原因可能是:爆破是采矿的重要工序之一,对矿山生产的连续性起着不可替代的作用,尤其是随着矿山生产机械化程度的进一步提高及大型机械设备的应用,这种影响更为突出[25]。随着国民经济的快速发展,国家建设步伐的加快,对煤炭资源的依赖程度逐步加大,煤矿安全形势也随之严峻。尽管国家健全完善了安全生产方针政策和法律法规,从体制、机制、规划、资金投入等方面采取了一系列措施加强安全生产,但事实是爆破工不安全动作出现次数仍是逐年递增,导致的瓦斯爆炸事故发生次数可想而知。因此,从根本上减少、消除爆破工的不安全动作是当务之急。

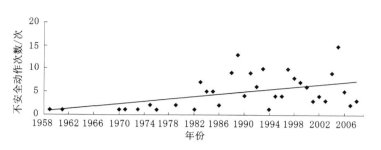

图 3-1　不安全动作次数与年份关系

（2）爆破工不安全动作主要类型

通过对爆破工 28 种不安全动作次数的统计，按照不安全动作出现次数的高低对这些不安全动作进行了排序，结果见表 3-7。为了更明显地观察比较爆破工不安全动作发生次数的数量，利用传统的柱状图方法统计分析爆破工不安全动作的数据，结果如图 3-2 所示。

表 3-7　爆破工不安全动作出现次数统计

排序	爆破工不安全动作	出现次数/次
1	未填足封泥	27
2	明火、明电爆破	23
3	封孔不使用水炮泥	21
4	没有包好爆破母线接头	17
5	未连接好发爆器接线柱和母线	13
6	放糊炮	8
7	没有封炮眼	7
8	一次装药，多次爆破	7
9	不使用安全炸药	6
10	距采空区 15 m 前，没有打探眼	6
11	没领取合格的发爆器	3
12	用短路的方法检查发爆器	3
13	在有瓦斯和煤尘爆炸危险的爆破地点采用反向爆破	3
14	发爆器打火放电检测电爆网路	3
15	使用非爆破母线爆破	2

表 3-7（续）

排序	爆破不安全动作	出现次数/次
16	存放爆炸材料位置不当	2
17	爆破前没有检查线路	2
18	爆破后检查不仔细，使炸药残质复燃	2
19	装药量过多	1
20	距贯通地点 5 m 内，没有打超前探眼	1
21	没有清理炮眼里的煤粉	1
22	未将炮眼内煤粉掏净	1
23	未将药卷紧密接触	1
24	爆破时未掩盖好设备	1
25	多母线爆破	1
26	悬挂母线位置不当	1
27	在一个采煤工作面使用两台发爆器同时进行爆破	1
28	处理瞎炮方法不当	1

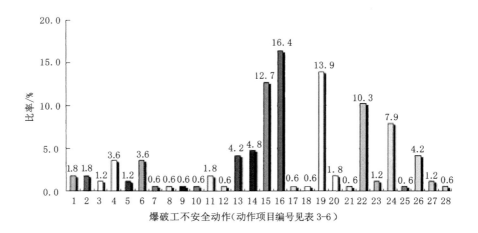

图 3-2　爆破工 28 种不安全动作柱状图

　　由表 3-7 和图 3-2 统计数据可知，爆破工不安全动作共出现 165 次，其中以"未填足封泥"不安全动作出现次数最多，达 27 次，占不安全动作总次数的 16.4％；"明火、明电爆破"不安全动作出现次数次之，达 23 次，占不安全动作总次数的 13.9%；"封孔不使用水炮泥"不安全动作出现次数位列第三，达 21 次，占不安全动作总次数的 12.7%。仅此 3 种不安全动作出现次数就占爆破工不安全动作出现总次数的 43%，因此初步确定此 3 种不安全动作是爆破工不安全动作的主要类型。

（3）爆破作业工序中不安全动作分析

通过对《煤矿井下爆破工安全技术培训大纲及考核标准》（AQ 1060—2008）[26]、《煤矿安全规程》等标准法规以及《爆破工》[27]等文献的研究，并深入煤矿企业进行实地调研验证，将爆破作业分为准备、检查处理、爆破操作和收尾工作 4 种主要工序，这 4 种主要爆破作业工序分别对应若干具体爆破作业流程，详见表 3-8。

表 3-8　爆破作业工序

主要爆破作业工序	具体爆破作业流程（15 种）	作业中的不安全动作（事故统计出 28 种）
准备	领取工具和爆炸材料	没领取合格的发爆器
		用短路的方法检查发爆器
		使用非爆破母线爆破
		不使用安全炸药
	运送爆炸材料	
	存放爆炸材料	存放爆炸材料位置不当
	装配起爆药卷	
检查处理	检查处理（第一次检查）	距采空区 15 m 前，没有打探眼
		距贯通地点 5 m 内，没有打超前探眼
爆破操作	装药	没有清理炮眼里的煤粉
		未将炮眼内煤粉掏净
		未将药卷紧密接触
		在有瓦斯和煤尘爆炸危险的爆破地点采用反向爆破
		装药量过多
	封孔	没有封炮眼
		放糊炮
		封孔不使用水炮泥
		未填足封泥

表 3-8(续)

主要爆破作业工序	具体爆破作业流程(15 种)	作业中的不安全动作(事故统计出 28 种)
爆破操作	连线	多母线爆破
		悬挂母线位置不当
		没有包好爆破母线接头
		爆破前没有检查线路
	做电爆网路全电阻检查	发爆器打火放电检测电爆网路
	撤离人员	
	设警戒	
	第二次检查	爆破时未掩盖好设备
	起爆	明火、明电爆破
		未连接好发爆器接线柱和母线
		在一个采煤工作面使用两台发爆器同时进行爆破
		一次装药,多次爆破
	爆破后检查(第三次检查)	爆破后检查不仔细,使炸药残质复燃
		处理瞎炮方法不当
	撤警戒	
收尾工作		

① 主要爆破作业工序中的不安全动作统计分析

图 3-3 统计了主要爆破作业工序中的 165 次不安全动作,通过分析可以发现,爆破操作工序中的不安全动作出现次数最多(142 次),占到不安全动作总次数的八成以上(86%)。所以爆破操作工序中的不安全动作是主要爆破作业工序中的不安全动作的研究关键。

② 爆破操作工序中的不安全动作统计分析

图 3-4 统计了爆破操作工序中的 142 次不安全动作,分析得出封孔流程中的不安全动作出现次数最多(63 次),将近占到爆破操作工序中不安全动作次数的一半(44%);其次为起爆流程中的不安全动作(44 次),占爆破操作工序中不安全动作次数的 31%;居第三位的是连线流程中的不安全动作(21次),占爆破操作工序中不安全动作次数的 15%;其他流程中出现的不安全动作比较少。由分析可知,封孔流程中的不安全动作是爆破操作工序中的不安

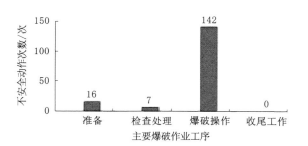

图 3-3　主要爆破作业工序中的不安全动作比较柱状图

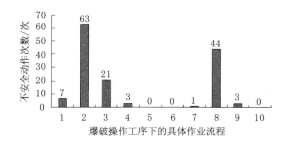

1—装药;2—封孔;3—连线;4—做电爆网路全电阻检查;5—撤离人员;

6—设警戒;7—第二次检查;8—起爆;9—爆破后检查(第三次检查);10—撤警戒。

图 3-4　爆破操作工序中的不安全动作比较柱状图

全动作的重点。

③ 封孔流程中的不安全动作统计分析

图 3-5 统计了封孔流程中的 63 次不安全动作,分析得出"未填足封泥"不安全动作出现次数最多(27 次),占封孔流程中不安全动作次数的 41%;"封孔不使用水炮泥"这种不安全动作出现次数多(21 次),占封孔流程中不安全动作次数的 32%。仅"未填足封泥"和"封孔不使用水炮泥"这两种不安全动作就占封孔流程中不安全动作次数的 73%(48 次),因此这两种不安全动作是封孔流程中的不安全动作研究的关键所在。把握住这两个关键,可以大大减少爆破引起的瓦斯爆炸事故,保证矿井安全。

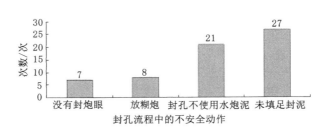

图 3-5　封孔流程中的不安全动作比较柱状图

3.2　灰色关联分析法识别爆破工不安全动作

以上通过对 143 起瓦斯爆炸事故分析得出 165 种爆破工不安全动作,然后对这 165 种爆破工不安全动作进行了简单、传统的汇总统计,得出哪些爆破工不安全动作出现次数比较多,即哪些爆破工不安全动作类型能且易引起瓦斯爆炸发生。

但是上述统计结果只能算是定性的、初步的。一是这些统计结果没有表现出不安全动作与瓦斯爆炸事故之间的随时间变化的关系。例如,某一年份发生的瓦斯爆炸事故主要与某一种爆破工不安全动作有关,而随着时间的推移,这种不安全动作可能因为技术的发展、管理决策的进步和改善等,已经很少甚至不会出现,现在发生的瓦斯爆炸事故是其他不安全动作引起的,如果仍按简单、传统的汇总统计法来分析,这种不安全动作出现次数仍可能排在前面,这显然不能确切地反映事实情况,造成了统计结果的模糊和不确定性。二是汇总统计应有大量样本,如果数据少则偏差会大。本研究仅统计了国内1949—2010 年间的 165 起瓦斯爆炸事故,与同时期全世界实际发生的瓦斯爆炸事故总数相比是一个很小的样本数量,直接将由此 165 个瓦斯爆炸事故汇总统计得到的不安全动作数作为最终的不安全动作数明显比较冒险。

灰色关联分析能够解决以上两个问题[28]。灰色关联分析是对一个系统发展变化态势的定量描述和比较的方法,其基本思想是通过确定参考数据列和若干个比较数据列的几何形状相似程度来判断其联系是否紧密,它反映了曲线间的关联程度[29]。对于两个系统之间的因素,其随时间或不同对象而变化的关联性大小的量度,称为关联度。在系统发展过程中,若两个因素变化的趋势具有一致性,同步变化程度较高,可谓二者关联程度较高;反之,则关联程度较低。因此,灰色关联分析方法是根据因素之间发展趋势的相似或相异程度,亦即"灰色关联度",作为衡量因素间关联程度的一种方法[30]。灰色关联分析法对数据要求比较低且计算量较小,因此适合类似本研究情况的应用。

3.2.1 灰色关联分析法

灰色关联度分析的核心是关联度计算[31],其方法步骤如下。

(1)确定分析数列

在对所研究的问题定性分析的基础上,确定一个因变量因素和多个自变量因素。设因变量数据构成参考序列 X_0',各自变量数据构成比较序列 X_i'
$(i=1,2,3,\cdots,n)$,$n+1$ 个数据序列形成矩阵如下:

$$\{X_0'(k),X_1'(k),\cdots,X_n'(k)\}=\begin{bmatrix} x_0'(1) & x_1'(1) & \cdots & x_n'(1) \\ x_0'(2) & x_1'(2) & \cdots & x_n'(2) \\ \vdots & \vdots & & \vdots \\ x_0'(N) & x_1'(N) & \cdots & x_n'(N) \end{bmatrix}_{N\times(n+1)}$$

(3-1)

其中

$$X_i'=(x_i'(1),x_i'(2),\cdots,x_i'(N))^{\mathrm{T}},\ i=0,1,2,\cdots,n$$

(2)变量序列无量纲化

一般而言,原始变量序列具有不同的量纲或数量级,为了保证分析结果的可靠性,避免对数量级小的变量的歧视,需要对变量序列进行无量纲化。常用的无量纲化方法有均值化法、初值化法等。这里采用初值化法如下:

$$x_i(k)=\frac{x_i'(k)}{x_i'(1)}\quad i=0,1,2,\cdots,n;k=1,2,\cdots,N$$

(3-2)

无量纲化后各元素形成的矩阵如下:

$$\{X_0(k),X_1(k),\cdots,X_n(k)\}=\begin{bmatrix} x_0(1) & x_1(1) & \cdots & x_n(1) \\ x_0(2) & x_1(2) & \cdots & x_n(2) \\ \vdots & \vdots & & \vdots \\ x_0(N) & x_1(N) & \cdots & x_n(N) \end{bmatrix}_{N\times(n+1)}$$

(3-3)

(3)求差序列、最大差和最小差

计算公式(3-3)中第一列与其他各列对应的绝对差值,得到绝对差值矩阵如下:

$$\begin{bmatrix} \Delta_{01}(1) & \Delta_{02}(1) & \cdots & \Delta_{0n}(1) \\ \Delta_{01}(2) & \Delta_{02}(2) & \cdots & \Delta_{0n}(2) \\ \vdots & \vdots & & \vdots \\ \Delta_{01}(N) & \Delta_{02}(N) & \cdots & \Delta_{0n}(N) \end{bmatrix} \tag{3-4}$$

其中:

$$\Delta_{0i}(k) = |x_0(k) - x_1(k)| \quad i=1,2,\cdots,n; k=1,2,\cdots,N \tag{3-5}$$

绝对差值矩阵中最大数和最小数即为最大差和最小差:

$$\max_{\substack{1\leqslant i\leqslant n \\ 1\leqslant k\leqslant N}} \{\Delta_{0i}(k)\} \underline{\triangle} \Delta(\max) \tag{3-6}$$

$$\min_{\substack{1\leqslant i\leqslant n \\ 1\leqslant k\leqslant N}} \{\Delta_{0i}(k)\} \underline{\triangle} \Delta(\min) \tag{3-7}$$

(4) 计算关联系数

把绝对差值矩阵中的数据做如下变换:

$$\xi_{0i}(k) = \frac{\Delta(\min) + \rho\Delta(\max)}{\Delta_{0i}(k) + \rho\Delta(\max)} \tag{3-8}$$

式中,ρ 为分辨系数,在 $0.1 \sim 1.0$ 之间取值,这里取 0.5。

对于一个参考方案数据列,有若干个比较数列 $\{X_0(k), X_1(k), \cdots, X_n(k)\}$,第 i 个比较数列与参考数列在对应第 k 个指标的相对差,即关联系数[32],可以表示为:

$$\begin{bmatrix} \xi_{01}(1) & \xi_{02}(1) & \cdots & \xi_{0n}(1) \\ \xi_{01}(2) & \xi_{02}(2) & \cdots & \xi_{0n}(2) \\ \vdots & \vdots & & \vdots \\ \xi_{01}(N) & \xi_{02}(N) & \cdots & \xi_{0n}(N) \end{bmatrix}_{N\times n} \tag{3-9}$$

(5) 计算关联度

关联系数一般数据很多,而且信息过于分散,不便于对项目从整体上进行比较,因此有必要将各比较方案的关联系数集中为一个值。求关联系数数列的平均值(考虑加权后,则求其加权平均值),就是做这种信息处理的一种方法[32-33]。这个平均值便是作为关联程度的数量表征——关联度,用 γ_{0i} 表示:

$$\gamma_{0i}(k) = \frac{1}{N}\sum_{k=1}^{n}\xi_{0i}(k) \tag{3-10}$$

（6）关联度排序

将各个比较序列与参考序列的关联度从大到小依次排序,用关联度表示它们之间关系大小、强弱和顺序[34]。关联度越高,说明比较序列与参考序列变化的态势越一致[35]。这样可以反映出比较序列对参考序列影响力的强弱,从而筛选出主要指标,去掉作用不明显的指标。

3.2.2 爆破工不安全动作灰色关联分析

将附录1中的爆破工不安全动作原始统计数据按照灰色关联分析的要求进行转置,结果如表3-9所示。

（1）确定分析数列

以瓦斯爆炸事故发生数量作为因变量,其数据即表3-9中的第一列构成参考序列X_0';以爆破工不安全动作为自变量,其每年出现次数数据构成比较序列X_i'($i=1,2,3,\cdots,n$),其中n为上表中不安全动作个数,这里取值为28。自变量与因变量一起总共有$n+1$个数据序列,形成分析序列矩阵如下:

$$\{X_0'(k),X_1'(k),\cdots,X_{28}'(k)\}=\begin{bmatrix} x_0'(1) & x_1'(1) & \cdots & x_{28}'(1) \\ x_0'(2) & x_1'(2) & \cdots & x_{28}'(2) \\ \vdots & \vdots & & \vdots \\ x_0'(N) & x_1'(N) & \cdots & x_{28}'(N) \end{bmatrix}_{N\times(28+1)}$$

$$(3\text{-}11)$$

其中:

$$X_i'=(x_i'(1),x_i'(2),\cdots,x_i'(N))^{\mathrm{T}},\ i=0,1,2,\cdots,28$$

N为变量序列的长度,这里取值为34。

（2）数据的无量纲化处理

对表3-9中的数据采用初值法进行无量纲化,代入式(3-2),得出统计结果见附录2。

（3）求取序列差、最大差和最小差

如果各对应点间距离均较小,那么两序列变化态势的一致性强且关联度高;各对应点间距离均较大,则两序列变化态势的一致性弱且关联度低。计算爆破工不安全动作与瓦斯爆炸事故在对应期间的间距,结果见附录3所示。

根据附录3的绝对差值表,由式(3-6)和式(3-7)可以得到最大差和最小差。

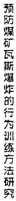

表 3-9　爆破工不安全动作作行原始统计资料

年份	项目																												
	0	1	2	3	4	5	6	7	8	9	10	11	12	13	14	15	16	17	18	19	20	21	22	23	24	25	26	27	28
1959	1																1												
1961	1																												
1970	1											1													1				
1971	1						1																1						
1973	1																												
1975	2										1													1					
1976	1								1								1												
1979	2									1							1												
1982	1		1																										
1983	7	1				1						1					1				2					1	1		
1984	5								2				1	1		2	2												1
1985	2					1							1	1	1	2	2												
1986	2															3	3				1				1				
1988	4																		1							1			
1989	12			1												1	1				2		1	4	1				
1990	2											1			1	1	2												
1991	8															2	1					1		1	1	2			
1992	6															1								3	1	1			
1993	8			1			1								1	2	1				1	1	1	1					

表3-9（续）

年份	0	1	2	3	4	5	6	7	8	9	10	11	12	13	14	15	16	17	18	19	20	21	22	23	24	25	26	27	28
																													项目
1994	1																								1				
1995	4																1	1								1	1		
1996	4					1										2								1					
1997	8											1				2	2				1				4				
1998	6		1							3		1					1				1				2				
1999	6				1	1		1									1							1	1				
2000	6			1					1															1	3				
2001	3																								3				
2002	4											1				1					1							1	
2003	3																				3				1				
2004	9								1		2	1				2	1				3	1			1				
2005	13	1	1		1	2			1		2	1				2	3				3				1				
2006	4				1														1		1	1							
2007	2															1									1				
2008	3									1											1			1					

注：表中第二行0～28项目依次为：0—瓦斯爆炸事故数；1—装药量过多；2—没领试合格的发爆器；3—用短路的方法检查发爆器；4—使用非爆破器；5—不使用安全炸药；6—存放爆破材料位置不当；7—距爆空区15 m前，没有打超前探眼；8—距打超前探眼；9—没有清理炮眼里的煤粉；10—没有使用水炮泥；11—放糊炮；12—末将炮眼内煤粉掏净；13—末将药卷密紧接触；14—在有瓦斯和煤尘爆炸危险的爆破地点采用反向爆破；15—封孔不使用水炮泥；16—末填足封泥；17—爆破时末掩盖好设备；18—多母线爆破；19—爆破时末掩盖好设备；20—悬挂母线爆破；21—爆破前没有包好母线接头；22—发爆器打火放电爆网路；23—末连接好发爆器接线柱和母线；24—明火、明电爆破；25—一次装药、多次爆破；26—爆破后检查不仔细，使炸药残质复燃；27—处理瞎炮方法不当；28—在一个采煤工作面使用两台发爆器同时进行爆破。

$$\Delta(\min)=0, \Delta(\max)=1$$

（4）求关联系数

将附录 3 中数据代入式（3-8），求得爆破工不安全动作在各个年份的关联系数。

$$\xi_{0i}(k)=\frac{\Delta(\min)+\rho\Delta(\max)}{\Delta_{0i}(k)+\rho\Delta(\max)}=\frac{0.5\times1}{\Delta_{0i}(k)+0.5\times1} \qquad (3\text{-}12)$$

计算结果见附录 4。

（5）计算关联度

将附录 4 中数据代入式（3-10），求得爆破工不安全动作的关联度，结果见表 3-10。

表 3-10 爆破工不安全动作与瓦斯爆炸事故之间的关联度

排序号	爆破工不安全动作	关联度
1	未填足封泥	0.462
2	明火、明电爆破	0.435
3	封孔不使用水炮泥	0.385
4	放糊炮	0.371
5	没有包好爆破母线接头	0.368
6	没领取合格的发爆器	0.367
7	发爆器打火放电检测电爆网路	0.365
8	存放爆炸材料位置不当	0.365
9	未连接好发爆器接线柱和母线	0.363
10	没有封炮眼	0.358
11	在有瓦斯和煤尘爆炸危险的爆破地点，采用反向爆破	0.354
12	一次装药，多次爆破	0.354
13	距采空区 15 m 前，没有打探眼	0.354
14	不使用安全炸药	0.349
15	未将炮眼内煤粉掏净	0.348
16	未将药卷紧密接触	0.348
17	使用非爆破母线爆破	0.347
18	爆破后检查不仔细，使炸药残质复燃	0.347
19	用短路的方法检查发爆器	0.346

表 3-10(续)

排序号	爆破工不安全动作	关联度
20	没有清理炮眼里的煤粉	0.345
21	爆破时未掩盖好设备	0.345
22	多母线爆破	0.345
23	悬挂母线位置不当	0.345
24	处理瞎炮方法不当	0.345
25	在一个采煤工作面使用两台发爆器同时进行爆破	0.345
26	爆破前没有检查线路	0.345
27	距贯通地点 5 m 内,没有打超前探眼	0.345
28	装药量过多	0.344

为了更直观地表达爆破工不安全动作与瓦斯爆炸事故之间的关联关系,将表 3-10 的数据用柱状图的形式表现出来,如图 3-6 所示。

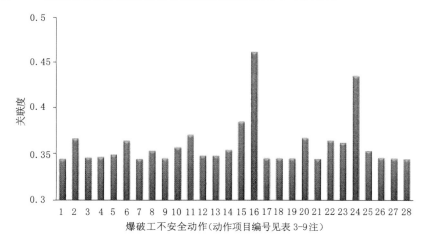

图 3-6 爆破工不安全动作与瓦斯爆炸事故的关联度

3.2.3 爆破工不安全动作灰色识别结果

根据表 3-10 和图 3-6 所示,可以判断瓦斯爆炸事故中爆破工的哪些不安全动作最易引发事故。

与瓦斯爆炸事故关联度大于 0.38 的爆破工不安全动作是:未填足封泥,

明火、明电爆破,封孔不使用水炮泥;

与瓦斯爆炸事故关联度介于 0.36～0.38 之间的爆破工不安全动作是:放糊炮,没有包好爆破母线接头,没领取合格的发爆器,发爆器打火放电检测电爆网路,存放爆炸材料位置不当,未连接好发爆器接线柱和母线;

与瓦斯爆炸事故关联度介于 0.35～0.36 之间的爆破工不安全动作是:没有封炮眼,在有瓦斯和煤尘爆炸危险的爆破地点采用反向爆破,一次装药多次爆破,距采空区 15 m 前没有打探眼;

与瓦斯爆炸事故关联度小于 0.35 的爆破工不安全动作是:不使用安全炸药,未将炮眼内煤粉掏净,未将药卷紧密接触,使用非爆破母线爆破,爆破后检查不仔细使炸药残质复燃,用短路的方法检查发爆器,没有清理炮眼里的煤粉,爆破时未掩盖好设备,多母线爆破,悬挂母线位置不当,处理瞎炮方法不当,在一个采煤工作面使用两台发爆器同时进行爆破,爆破前没有检查线路,距贯通地点 5 m 内没有打超前探眼,装药量过多。

3.3 文献沉淀方法识别爆破工不安全动作(经验识别)

利用事故调查报告所获得的数据识别出人的不安全动作的局限性在于事故调查报告受到调查人员本身能力和兴趣的影响,因此用这种方法识别出的人的不安全动作结果是否确切,需要借助其他途径识别的结果来验证。文献沉淀方法[36-37]是建立在文献作者丰富经验和知识基础上的,因此是能够用于验证基于事故调查报告的灰色识别法。另外,文献沉淀方法可以起到对基于事故调查报告的识别方法完善的作用。

利用文献沉淀方法得到瓦斯爆炸事故中的爆破工不安全动作的思路是:根据知识和经验,一般研究者对瓦斯爆炸事故中可能会出现哪些爆破工不安全动作都会有自己的想法和观点,如果将数量足够多的研究者对瓦斯爆炸事故中可能出现的爆破工不安全动作的观点和想法汇总起来,就可以得出研究者普遍认可的爆破工不安全动作就是可能引起瓦斯爆炸的比较重要的动作。将这一结果与利用事故调查报告统计得到的结果进行分析比较,就可以得到更加可靠、更加使人信服的识别结果。

3.3.1 文献的概念

长期以来,人类将自身总结的经验和知识,用文字、图形、符号、声频和视频等手段记录下来,这就是文献。文献的现代定义为"已发表过的,或虽未发表但已被整理、报道过的那些记录有知识的一切载体"。所谓"一切载体",不仅包括图书、期刊、学位论文、科学报告、档案等常见的纸质印刷品,也包括有实物形态在内的各种材料。

3.3.2　文献沉淀方法的概念

顾名思义,文献沉淀方法就是对文献进行查阅、分析、沉淀、整理,从而找出事物本质属性的一种研究方法。

3.3.3　搜集文献资料原则

在搜集文献的过程中,要注意以下三个原则:

一是要尽量搜集新文献,因为新文献比旧文献资料内容更新、更可靠、更全面;

二是要尽量搜集第一手资料,因为第一手资料的可靠性、准确性相对更高一些;

三是要搜集尽量多的文献,努力做到文献的充实和丰富。

3.3.4　爆破工不安全动作文献沉淀

（1）相关文献沉淀

利用互联网和高校的图书馆资源,通过输入"爆破、放炮、事故、煤矿、瓦斯爆炸、爆破工、放炮员、不安全行为和不安全动作"等关键词,搜集了国内外期刊、会议论文、学位论文、图书等类型的文献,经过筛选,选出相关性比较强的文献。按照时间顺序将类别、研究者、题名和文献中涉及的不安全动作等相关信息列于表3-11中。

（2）文献中不安全动作归类

由于受主观因素的影响,各研究者对爆破工不安全动作的命名不一,为了梳理这些信息,我们以表3-6对爆破工28种不安全动作的命名为标准,将用文献沉淀方法得到的真实含义与爆破工28种不安全动作相同的不安全动作进行归类(如表3-12所示),并按各不安全动作在文献中出现次数从大到小进行排序,详细信息见表3-13。

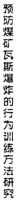

表 3-11　文献沉淀方法识别的爆破工不安全动作

年份	类别	研究者	题名	文献中涉及及不安全动作的内容
1989	期刊	郭志新	山东省煤矿井下爆破事故分析及预防措施	未封炮泥或封泥质量不高，火焰从炮孔喷出（2次）
				位置不安全，意外爆炸（2次）
				瞎炮处理不当
				有的放糊炮
				有的在同一工作面多头近距离同时放炮
				有的用包药纸当封泥用
				分段放炮相距过近且同时连续放炮
				采用正向起爆
				使用水胶炸药或三级煤矿安全炸药
1995	期刊	李克彬、李亚军	矿井放炮事故分析	处理瞎炮不当
				放炮未使用水炮泥
				放炮时炮泥充填不足
				炸药质量差
1995	期刊	张金泉、毕卫国、何乃岗	影响工程爆破安全的人的因素及其消除	没有按规定使用水炮泥
				封泥量不足
1997	期刊	汪洋	从一起放炮引起的火灾事故得到的启示	在忘记带放炮器的情况下，采用明电放炮
1998	期刊	杨新庆、王荷学、陈玉留	论发生爆破事故的不安全因素及其对策	炮火外端的炮泥不足
				明电放炮

表 3-11（续）

年份	类别	研究者	题名	文献中涉及不安全动作的内容
2000	期刊	周存光、李中华	对两起放炮伤人事故的分析及对策	把放炮器的接线柱改成插头改成插头连接，增大放炮安全系数
				炮眼不封泥
				封泥不足或质量差
				严禁用煤粉、块状材料或其他可燃性材料作炮眼封泥
				采掘工作面必须使用取得产品许可证的煤矿许用炸药
2001	期刊	周成武、胡殿文	对煤矿井下爆破作业中不安全因素的认识	在高瓦斯矿井放炮时，应采用正向起爆
				放明炮、糊炮
2003	期刊	纪海亮、李明、曹传申、宋加玄	一起爆破事故的原因分析及对策	为了赶生产，在连线前，爆破工和班组长、瓦检员未对爆破地点进行第 2 次检查，便匆忙连线，以致未能发现爆破工连线错
				采煤工作面一般应 1 次装药 1 次起爆；也可分组装药，但 1 组装药必须 1 次起爆，组与组之间的炮眼间距不得小于 5 m
2004	学位论文	张志伟	瓦斯爆炸事故的行为原因分析及解决方法研究	放炮不用炮泥
				无措施明炮、糊炮
				不用放炮器放炮
				火药雷管混装
				不按规定装药，炮眼无封泥或封泥不实（2 次）

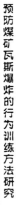

表 3-11(续)

年份	类别	研究者	题名	文献中涉及及不安全动作的内容
2004	学位论文	张志伟	瓦斯爆炸事故的行为原因分析及解决方法研究	对遗留残炮、瞎炮不按规定及时处理
				不使用放炮器而使用其他电源放炮
				明火放炮
2005	期刊	张建军	煤矿放炮事故调查要点分析	重点检查装药量等是否符合《煤矿安全规程》规定
				检查炮眼充填情况是否按规定进行充填，充填物中是否有煤渣、石块等坚硬物质
				现场勘察是否按《煤矿安全规程》装药和有无放明炮和放糊炮的现象
				处理拒爆、残爆时是否有不符合《煤矿安全规程》规定的现象
				巷道贯通时是否按《煤矿安全规程》的有关规定执行
				放糊炮
2005	期刊	曹胜利	煤矿井下爆破事故防治	特殊条件下的爆破如巷道贯通的爆破要结合实际情况，按照《煤矿安全规程》的有关规定，制定爆破安全技术措施
2006	期刊	由明和	煤矿井下爆破拒爆的主要原因及预防	禁止用手拉、镐刨及压风吹拒爆的炮，不论有无残药都禁止在残眼内继续加深爆药
				雷管必须保存好，放在火药箱子里，不得乱放，不得造成捅放在工作面机械倾倒砸响雷管

表 3-11（续）

年份	类别	研究者	题名	文献中的不安全动作
2006	图书	陈红	中国煤矿重大事故中的不安全行为研究	违章处理瞎炮
				反向爆破
				火药爆炸
				明火爆破
				封泥太少
				装药过多
				干电池明火爆破
				上下两组同时放炮
				放炮打筒，火药延期爆炸
				使用岩石炸药
				使用大剂量火药
				连续放明炮
				不按照要求装填炮泥
				放炮母线损坏
				明火放炮
				没有按规定装填水炮泥
				放炮不用炮泥
				明电多母线放炮（2次）
				使用不合格放炮器材（2次）

表 3-11（续）

年份	类别	研究者	题名	文献中涉及不安全动作的内容
2006	图书	陈红	中国煤矿重大事故中的不安全行为研究	违章进行放炮器检验
				使用非安全型岩石炸药爆破
				检查放炮器母线完好程度（2次）
				放炮崩通采空区
				放炮线在外柱上随意扭结
				炮泥充填不足
				违章使用电钻代电源放炮
				放炮用纸代替部分炮泥，产生明火
				一次打眼，一次装药，分次放炮
				放炮员违章用放电器放电检查放炮母线情况
				放炮母线严重裸露
				电煤车未撤到安全地点
				直接使用井下照明电源放炮
				用黄土填充炮眼
				使用多只捆绑干电池连线放炮
				违章拆卸矿灯，做放炮电源
				母线明接头
				放炮抵抗线不够
				放炮母线裸露短路

表 3-11(续)

年份	类别	研究者	题名	文献中涉及不安全动作的内容
2006	图书	陈红	中国煤矿重大事故中的不安全行为研究	采用头灯放炮
				采用电缆线放炮
				未填充炮泥
				工人违章放糊炮
				萌透采空区
				放炮母线虚连
				放炮器触电放炮
				明火放炮
2007	期刊	邱镇前,范跟光	浅孔爆破技术的改进	检查放炮器完好
				母线接头没有出现生锈并已用绝缘带包好
				领取的炸药已由主管部门批准,炸药没有过量
				存放炸药材料时,检查存放地点是否干燥、炸药与雷管放在一起等
				对没有维护好的设施是否进行掩盖和维护
				水炮泥或封泥长度是否符合规程的规定
				母线与脚线联结后,再沿路检查母线
2008	学位论文	黄海芳	煤矿生产中人员不安全行为的控制与管理研究	炸药、雷管箱放在不安全地点或警戒以内及未分开存放
				不按《煤矿安全规程》要求处理瞎炮
				装药前不清除炮眼内的煤粉或岩粉

表 3-11（续）

年份	类别	研究者	题名	文献中涉及不安全动作的内容
2008	学位论文	黄海芳	煤矿生产中人员不安全行为的控制与管理研究	爆破母线长度不足或有明接头
				爆破时不装水炮泥,用煤粉、块状材料及可燃性材料作为炮眼封泥
				封泥长度不符合要求
2009	期刊	赵建华	煤矿放炮事故现状及对策研究	放明炮、糊炮
2009	期刊	王洪义、李奉翠	煤矿爆破事故原因分析及对策	残爆、拒爆未发现或发现后不按《煤矿安全规程》规定处理
2009	学位论文	杨晓艳	煤矿瓦斯爆炸事故中人的不安全行为研究	放炮母线裸露
				采用明电,明火放炮
				违章放糊炮
				独眼井采用明电放炮
				放炮（封泥不足）
				放炮规定多母线放炮）（2 次）
				在柱子上绑炸药放明炮
				不按规定检查瓦斯,炮泥填充不足
				放炮（不填充瓦斯）
				放炮（引爆药放明炮）
				放炮（不使用水炮泥）
				放炮（母线短路）

表 3-11（续）

年份	类别	研究者	题名	文献中涉及不安全动作的内容
2009	学位论文	杨晓艳	煤矿瓦斯事故中人的不安全行为研究	工作面形成循环风，瓦斯积聚，未使用炮泥填塞炮眼，放炮产生火焰
				母线接头裸露，放炮时线路短路产生火花
				非法开采，明火放炮导致瓦斯燃烧引起爆炸
				矿灯代替放炮母线放炮
				以局啊代替主啊，放炮未填充炮泥
				掘进放炮时打透老空，瓦斯涌出
				试验放炮器打火
				主啊停风，用动力线明电放炮
				掘进面残留炮眼，产生火焰
				爆破（装药过多）
2010	学位论文	王萍	煤矿瓦斯事故中不安全行为形成机理及研究——基于行为科学的视角	违章放明炮引起瓦斯爆炸
				违章使用岩石作产生明火
				接近采空区时仍违章打眼放炮
				放炮母线接头裸露，放炮时线路短路产生火花
2010	期刊	陈福新	浅谈工作面放炮事故的成因及其预防措施	处理瞎炮未按《煤矿安全规程》规定的程序和方法操作
				以煤块、煤岩粉和药卷纸等作充填材料
				充填的长度不符合规定
				炮眼内煤、岩粉未被清除

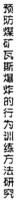

表 3-11(续)

年份	类别	研究者	题名	文献中涉及不安全动作的内容
2010	期刊	陈福新	浅谈工作面放炮事故的成因及其预防措施	布置炮眼的间距和孔深要合理，并根据煤岩层硬度、炮眼的角度选择合适的装药量
				存放炸药，电雷管和装配引药的处所安全可靠，严防煤、岩块或硬质器件碰击电雷管和炸药
2010	期刊	潘德和	浅谈掘进工作面放炮事故的预防	放炮前，放炮母线连接脚线，检查线路和通电工作，只许放炮员一人操作
				掘进面残留炮眼产生火格
				爆破(装药过多)
2010	学位论文	陈娜	煤矿应急场景下行为能力的实验研究	明火或明电放炮或明炮(2次)
				炮眼未封填
				不按要求使用炮泥
				封填炮泥不足或长度不够或装炮母线或接线柱
				放炮前不检查放炮母线或装炮母线或接线柱
				如果巷道贯通措施不力和测量有误，任任空空之前，崩人、崩坏设备，甚至引起瓦斯爆炸事故
				距离打透老空区 15 m 前，探明老空情况
				每次放炮前，必须有专人对管线、设备的保护情况进行检查，确认无误后方可放炮
				母线破损或裸露或接线柱连接不好
				装药量不合要求

表 3-11(续)

年份	类别	研究者	题名	文献中涉及及不安全动作的内容
2010	学位论文	陈娜	煤矿应急场景下行为能力的实验研究	最小抵抗线不够
				使用不合格的放炮炸药或放炮器（2次）
				放炮时未将炮眼内煤粉掏净
2010	期刊	王洋,王汉斌,白云杰	煤矿人因瓦斯事故中不安全行为影响因素群及系统模型	放明炮
				明电放炮
				违规填充炮泥（2次）
				反向爆破
				使用岩石爆破炸药
				一次装药多次爆破
				井下乱放雷管炸药
2011	会议论文	Zhang Jiangshi, Gao Shushan, Tao Jia, He Panpan	Study on Unsafe Behavior Pre-control Method Based on Accidents Statistic	using substandard blasting explosive or blasting device
				blasting continuously
				not cleaning up coal powder in shot hole when blasting
				storing ANFO in violation
				not filling blast hole with water stemming
				using substandard explosive
				exposed blasting
				not checking blasting device before blasting
				loading explosive not by rules
				not cleaning up the coal in embrasure
				short blasting interval

表 3-12　文献中不安全动作归类过程

编号	爆破工不安全动作	文献中的不安全动作
24	未连接好发爆器接线柱和母线	母线破损或裸露或与接线柱连接不好
		放炮母线虚连
		放炮器触电放炮
		把放炮器的接线柱改成插头连接,增大放炮安全系数

表 3-13　文献沉淀方法归类结果

编号	爆破工不安全动作	文献中出现次数	占文献中出现总次数比例/%	排序
1	没领取合格的发爆器	7	4	9
2	用短路的方法检查发爆器	2	1	21
3	使用非爆破母线爆破	3	2	18
4	不使用安全炸药	13	7	5
5	存放爆炸材料位置不当	7	4	10
6	距采空区 15 m 前,没有打探眼	6	3	12
7	距贯通地点 5 m 内,没有打超前探眼	4	2	15
8	没有清理炮眼里的煤粉	5	3	14
9	未将炮眼内煤粉掏净	1	1	24
10	未将药卷紧密接触	1	1	25
11	在有瓦斯和煤尘爆炸危险的爆破地点采用反向爆破	6	3	13
12	装药量过多	3	2	19
13	没有封炮眼	8	4	8
14	放糊炮	15	8	4
15	封孔不使用水炮泥	18	10	3
16	未填足封泥	22	12	2
17	爆破时未掩盖好设备	3	2	20
18	多母线爆破	2	1	22
19	明火、明电爆破	23	12	1
20	发爆器打火放电检测电爆网路	1	1	26
21	悬挂母线位置不当	1	1	27

表 3-13（续）

编号	爆破工不安全动作	文献中出现次数	占文献中出现总次数比例/%	排序
22	没有包好爆破母线接头	4	2	16
23	爆破前没有检查线路	10	5	6
24	未连接好发爆器接线柱和母线	4	2	17
25	在一个采煤工作面使用两台发爆器同时进行爆破	2	1	23
26	一次装药,多次爆破	7	4	11
27	爆破后检查不仔细,使炸药残质复燃	1	1	28
28	处理瞎炮方法不当	9	5	7

用饼图的形式将爆破工不安全动作在文献中的出现次数比例更加清楚地表示出来并进行比较,如图 3-7 所示。

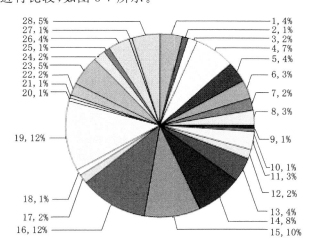

（图中项目编号同表 3-13）

图 3-7　文献沉淀得到的爆破工不安全动作比例

根据文献沉淀方法的结果表 3-13 和图 3-7 所示,位居前三位的不安全动作是:"明火、明电爆破""未填足封泥"和"封孔不使用水炮泥",此结果与初步传统的汇总统计方法得出的前三位不安全动作相同。因此可以再次确定1949—2010 年间,"未填足封泥""明火、明电爆破"和"封孔不使用水炮泥"三种不安全动作是爆破工不安全动作中的主要类型。

3.4 根据《煤矿安全规程》等规定识别爆破工不安全动作

　　《煤矿安全规程》等法律法规中的每一条规定都是经验或血的教训的总结,都是科学、准确地对煤矿生产建设中的各种行为作出的规定;每一条规定都是在煤矿特定条件下可以普遍适用的行为规则,明确规定了煤矿生产建设中哪些行为被禁止、哪些行为被允许[38]。因此,通过识别《煤矿安全规程》等规定中禁止的不安全动作,可以验证利用事故调查报告所获得的不安全动作结果是否确切。

　　通过查找《煤矿安全规程》《爆破工》《爆破安全技术》等与爆破工不安全动作有关的行业法规和文献,以表 3-6 对爆破工 28 种不安全动作的命名为标准,按照编号顺序将爆破工不安全动作、作者、安全规定中禁止的不安全动作以及相关法规和文献等相关信息列于表 3-14 中。

表 3-14　安全规定识别的爆破工不安全动作

编号	爆破工不安全动作	作者	安全规定中禁止的不安全动作	法规和文献
1	没领取合格的发爆器	冯秋登,樊铮钰	"发爆器有裂缝或螺丝未固紧",由于碰摔使发爆器出现裂缝或螺丝未固紧等现象,通电时,就有可能产生电火花并从裂缝中喷出,使壳外的瓦斯发生燃烧或爆炸;"发爆器接线柱锈蚀、滑丝",出现这种情况时,爆破母线与发爆器往往接触不良,导致网络电阻过大,产生拒爆,或发生打火现象,引爆瓦斯	《爆破工》
		冯秋登,樊铮钰	当炸药为负氧平衡、或炮眼内残留煤粉、或以药纸封孔、或蜡纸含蜡量过高以及半爆或爆燃等原因,都会产生大量的可燃性气（$H_2/CO/CH_4/NH_3$ 等）。这些气体与矿井瓦斯（浮尘）混合后,形成"二次火焰",易于引燃矿井瓦斯或煤尘	《爆破工》

表 3-14（续）

编号	爆破工不安全动作	作者	安全规定中禁止的不安全动作	法规和文献
10	未将药卷紧密接触	冯秋登，樊铮钰	炮眼里的煤、岩粉使装入炮眼的药卷不能装药至眼底，或者药卷之间不能密接，影响爆炸能量的传播，以致造成残爆、拒爆和爆燃，并留下残眼	《爆破工》
11	在有瓦斯和煤尘爆炸危险的爆破地点采用反向爆破	郭兴明	在有瓦斯和煤尘爆炸危险的爆破地点，不提倡采用反向爆破	《爆破安全技术》
12	装药量过多	郭兴明	装药量过大，相对来说炮泥充填的长度就要减少，瓦斯、煤尘爆炸的可能性就会增加，对安全不利	《爆破安全技术》
13	没有封炮眼	国家煤矿安全监察局	无封泥、封泥不足或不实的炮眼严禁爆破	《煤矿安全规程》
14	放糊炮	国家煤矿安全监察局	严禁裸露爆破	《煤矿安全规程》
		冯秋登，樊铮钰	采用安全炸药时，因炸药能量主要用于破碎和抛掷，形成空气冲击波的能量较小，引燃瓦斯的可能性不大。但若工作面附近存在反射障碍物时，因反射波的压力、温度和作用时间较入射波要大得多，冲击波的强度将会呈若干倍增加，当这种冲击波的作用时间大于该温度的瓦斯和煤尘的爆炸感应时间，特别是装药量过大时，就有可能引燃瓦斯和煤尘	《爆破工》
18	多母线爆破	冯秋登，樊铮钰	严禁用多芯或多根导线做爆破母线。不得用两根材质、规格不同的导线做爆破母线	《爆破工》

表 3-14(续)

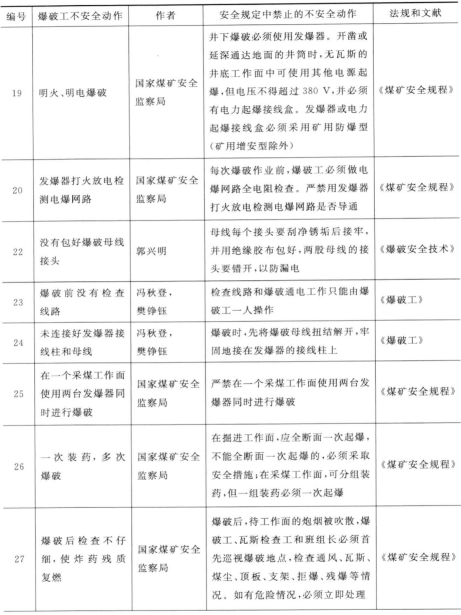

编号	爆破工不安全动作	作者	安全规定中禁止的不安全动作	法规和文献
19	明火、明电爆破	国家煤矿安全监察局	井下爆破必须使用发爆器。开凿或延深通达地面的井筒时,无瓦斯的井底工作面中可使用其他电源起爆,但电压不得超过380 V,并必须有电力起爆接线盒。发爆器或电力起爆接线盒必须采用矿用防爆型(矿用增安型除外)	《煤矿安全规程》
20	发爆器打火放电检测电爆网路	国家煤矿安全监察局	每次爆破作业前,爆破工必须做电爆网路全电阻检查。严禁用发爆器打火放电检测电爆网路是否导通	《煤矿安全规程》
22	没有包好爆破母线接头	郭兴明	母线每个接头要刮净锈垢后接牢,并用绝缘胶布包好,两股母线的接头要错开,以防漏电	《爆破安全技术》
23	爆破前没有检查线路	冯秋登,樊铮钰	检查线路和爆破通电工作只能由爆破工一人操作	《爆破工》
24	未连接好发爆器接线柱和母线	冯秋登,樊铮钰	爆破时,先将爆破母线扭结解开,牢固地接在发爆器的接线柱上	《爆破工》
25	在一个采煤工作面使用两台发爆器同时进行爆破	国家煤矿安全监察局	严禁在一个采煤工作面使用两台发爆器同时进行爆破	《煤矿安全规程》
26	一次装药,多次爆破	国家煤矿安全监察局	在掘进工作面,应全断面一次起爆,不能全断面一次起爆的,必须采取安全措施;在采煤工作面,可分组装药,但一组装药必须一次起爆	《煤矿安全规程》
27	爆破后检查不仔细,使炸药残质复燃	国家煤矿安全监察局	爆破后,待工作面的炮烟被吹散,爆破工、瓦斯检查工和班组长必须首先巡视爆破地点,检查通风、瓦斯、煤尘、顶板、支架、拒爆、残爆等情况。如有危险情况,必须立即处理	《煤矿安全规程》

表 3-14（续）

编号	爆破工不安全动作	作者	安全规定中禁止的不安全动作	法规和文献
27	爆破后检查不仔细,使炸药残质复燃	冯秋登,樊铮钰	当爆炸产物中的炽热固体产物,或当炸药爆炸不完全,使一部分尚未分解或正处于燃烧的炸药颗粒从炮眼中飞出落入瓦斯(浮尘)-空气混合物中时,若接触时间超过感应时间,就能引起瓦斯燃烧或瓦斯和煤尘爆炸	《爆破工》
28	处理瞎炮方法不当	国家煤矿安全监察局	严禁用镐刨或从炮眼中取出原放置的起爆药卷或从起爆药卷中拉出电雷管。不论有无残余炸药,严禁将炮眼残底继续加深,严禁用打眼的方法往外掏药;严禁用压风吹拒爆(残爆)炮眼	《煤矿安全规程》

3.5 爆破工不安全动作识别结果分析

至此,借助传统统计分析、灰色关联识别、文献沉淀方法和根据《煤矿安全规程》等规定 4 种识别方法计算识别出瓦斯爆炸事故中爆破工不安全动作,下面就识别结果和识别方法的有效性进行简要分析。

3.5.1 识别结果分析

爆破工不安全动作识别结果如表 3-15 所列。

表 3-15 爆破工不安全动作识别结果一览表

爆破工不安全动作	事故统计率/%	灰色关联度	文献沉淀统计率/%
未填足封泥	16.4	0.462	12
明火、明电爆破	13.9	0.435	12
封孔不使用水炮泥	12.7	0.385	10
放糊炮	4.8	0.371	8

表 3-15（续）

爆破工不安全动作	事故统计率/%	灰色关联度	文献沉淀统计率/%
没有包好爆破母线接头	10.3	0.368	2
没领取合格的发爆器	1.8	0.367	4
发爆器打火放电检测电爆网路	1.8	0.365	1
存放爆炸材料位置不当	1.2	0.365	4
未连接好爆破器接线柱和母线	7.9	0.363	2
没有封炮眼	4.2	0.358	4
在有瓦斯和煤尘爆炸危险的爆破地点,采用反向爆破	1.8	0.354	3
一次装药,多次爆破	4.2	0.354	4
距采空区 15 m 前,没有打探眼	3.6	0.354	3
不使用安全炸药	3.6	0.349	7
未将炮眼内煤粉掏净	0.6	0.348	1
未将药卷紧密接触	0.6	0.348	1
使用非爆破母线爆破	1.2	0.347	2
爆破后检查不仔细,使炸药残质复燃	1.2	0.347	1
用短路的方法检查发爆器	1.8	0.346	1
没有清理炮眼里的煤粉	0.6	0.345	3
爆破时未掩盖好设备	0.6	0.345	2
多母线爆破	0.6	0.345	1
悬挂母线位置不当	0.6	0.345	1
处理瞎炮方法不当	0.6	0.345	5
在一个采煤工作面使用两台发爆器同时进行爆破	0.6	0.345	1
爆破前没有检查线路	1.2	0.345	5
距贯通地点 5 m 内,没有打超前探眼	0.6	0.345	2
装药量过多	0.6	0.344	2

通过比较表 3-15 中列出的不同方法识别结果,可以得出:

(1) 瓦斯爆炸事故中可能发生的爆破工不安全动作已经得到了较好的识别。无论是传统统计分析方法,还是灰色关联识别,或是文献沉淀方法,其结

预防煤矿瓦斯爆炸的行为训练方法研究

果基本上得到了相互支持的效果。

（2）利用传统统计分析方法、灰色关联识别、文献沉淀方法和根据《煤矿安全规程》等规定 4 种识别方法，识别出了爆破工 28 种不安全动作。截至 2010 年（从 1949 年中华人民共和国成立后算起），能且易引起瓦斯爆炸事故的爆破工不安全动作按从高到低顺序排列依次是：未填足封泥，明火、明电爆破，封孔不使用水炮泥，放糊炮，没有包好爆破母线接头，没领取合格的发爆器，发爆器打火放电检测电爆网路，存放爆炸材料位置不当，未连接好发爆器接线柱和母线，没有封炮眼，在有瓦斯和煤尘爆炸危险的爆破地点采用反向爆破，一次装药多次爆破，距采空区 15 m 前没有打探眼，不使用安全炸药，未将炮眼内煤粉掏净，未将药卷紧密接触，使用非爆破母线爆破，爆破后检查不仔细使炸药残质复燃，用短路的方法检查发爆器，没有清理炮眼里的煤粉，爆破时未掩盖好设备，多母线爆破，悬挂母线位置不当，处理瞎炮方法不当，在一个采煤工作面使用两台发爆器同时进行爆破，爆破前没有检查线路，距贯通地点 5 m 内没有打超前探眼，装药量过多。

（3）对传统统计分析方法、灰色关联识别和文献沉淀方法 3 种方法得到的结果加以分析得出，"未填足封泥""明火、明电爆破"和"封孔不使用水炮泥" 3 种爆破工不安全动作都排列在 3 种识别方法结果的前三位，因此可以确定 1949—2010 年间，"未填足封泥""明火、明电爆破"和"封孔不使用水炮泥"3 种不安全动作是爆破工不安全动作中的主要类型，是防治和遏制煤矿瓦斯爆炸事故的重点和关键。

3.5.2　不安全动作识别方法评析

本研究采用的不安全动作识别方法纳入了多种不安全动作识别技术，其应用效果和特点归纳如下：

（1）根据瓦斯爆炸事故书面报告的传统统计分析方法对识别瓦斯爆炸事故中的不安全动作有效。这种方法是目前最常用的一种识别方法，可以简单且实用地识别出瓦斯爆炸事故中可能会发生的不安全动作。但是，瓦斯爆炸事故书面报告本身还具有受到事故调查人员自身局限性等因素影响的先天缺陷，需要有其他更深入或具有其他数据源基础的技术方法来补充或验证。

（2）建立在瓦斯爆炸事故书面报告基础上的灰色关联分析识别方法是传统统计分析方法的深化，其识别结果能更准确地反映不安全动作与瓦斯爆炸事故的关联程度,是可行且有效的。但同时这种技术也是建立在瓦斯爆炸事故书面报告基础上的,它并不能克服事故书面报告本身固有的先天缺陷——事故调查人员自身局限性的影响。

(3)文献沉淀方法和根据《煤矿安全规程》等规定两种识别方法对传统统计分析方法和灰色关联分析识别方法起到了验证和补充的作用,同时是在没有掌握实际数据资料时也能识别不安全动作的可行方法。但是,这两种方法受到数据样本数量的制约,这种缺陷只能依赖其他的方法和技术来弥补。

本研究应用的4种不安全动作识别方法各有其优缺点,因此,在选取不安全动作识别方法时,既要考虑到效用,又要考虑到可行性,包括经济、时间等因素,尽可能综合使用多种方法,达到相互补充并完善的作用。同时还应探索试验新的不安全动作识别方法,来提高不安全动作识别结果的可信度。例如,深入现场识别不安全动作就是一种方法,因时间、篇幅所限本书没有做进一步研究。

3.6　本章小结

本章主要是识别出煤矿瓦斯爆炸事故关键工种——爆破工28种不安全动作。通过利用传统统计分析方法、灰色关联技术、文献沉淀方法和根据《煤矿安全规程》等规定4种不安全动作识别方法,识别出"没领取合格的发爆器"等28种爆破工不安全动作,并确定"未填足封泥""明火、明电爆破"和"封孔不使用水炮泥"3种不安全动作是爆破工不安全动作中的主要类型。最后对4种不安全动作识别方法进行评析,确定4种不安全动作识别方法是可行的。

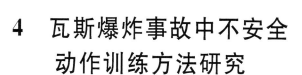

4　瓦斯爆炸事故中不安全
动作训练方法研究

本章将结合控制不安全动作的途径,探求减少瓦斯爆炸事故、消除不安全动作的有效训练方法,并对这些方法设计具体的方案,根据这些设计方案开发出产品,最后通过实例验证这些训练方法的有效性。

4.1　解决不安全动作的方法

要有效预防瓦斯爆炸事故的发生,必须减少煤矿员工的不安全动作,培养他们良好的安全习惯。关于不安全动作解决的定量研究,以往研究主要在安全文化、安全管理的宏观层面[39],或者个体的生理、心理层面[40-43],但这些方法都比较间接,也缺乏实用性或者效果不明确。控制不安全动作有两种途径,一是通过安全知识、安全意识、行为习惯、工作方法来控制;二是现场控制,即告知和提醒,可分为由人(领导、同伴、安全员等)来告知或提醒以及由指示、说明来告知①。本研究采用第一种途径,以爆破工工种为例,通过三维动画不安全动作演示和虚拟现实安全动作训练两种方法来解决爆破工的不安全动作问题。

4.2　三维动画不安全动作演示

根据作者统计的 1949—2010 年间由于爆破工的不安全动作引起的 143 起煤矿瓦斯爆炸事故案例,采用三维动画电影手法将煤矿瓦斯爆炸事故中爆破工的不安全动作展现出来,在宣传教育中学习到安全专业知识使他们知其然,教授不安全动作的危害性使他们知其所以然,改变本身的不安全习惯。

---

①　傅贵.个人不安全行为控制的途径［EB/OL］.（2012-10-9）［2019-03-10］. http://blog.sciencenet. cn/blog-603730-620805. html.

4.2.1 三维动画概念

三维动画又称 3D 动画,它是在电脑中先建立一个虚拟世界,设计师在这个虚拟三维世界中按照要表现对象的形状与尺寸建立模型及场景,再根据要求设定模型的运动轨迹、虚拟摄影机的运动和其他动画参数,最后按照要求为模型赋上特定的材质并打上灯光。当这一切完成后,就可以让电脑自动运算,生成最后的画面[44]。

4.2.2 三维动画的优点

(1)三维动画的真实性

三维动画可以模仿很多传统的真实效果,呈现出来的效果比真实效果有过之而无不及。

(2)三维动画的简洁连贯

三维动画的简洁连贯表现在,先是建立好模型,然后做好贴图素材,完善后,给角色加骨骼,骨骼设定好就可以了,剩下的工作就是动画师做各种动作,最后渲染出图就完成了。

(3)三维动画的空间感强

三维动画除了有上下左右的运动效果,还有前后(纵深)的运动效果,增加了空间感和立体感。

(4)三维动画的灯光气氛及特效优势

三维动画的灯光特效非常完美,可以做出各种很炫酷、漂亮的感觉。

(5)三维动画制作的速度优势

三维动画制作速度快,创建的角色可以反复用,大大缩短了制作的周期[45]。

4.2.3 三维动画设计

4.2.3.1 三维动画事故案例内容设计

三维动画事故案例内容设计包括四个方面,即事故发生过程、事故原因分析、事故预防及控制措施和安全常识(注意事项)。其中事故原因分析又包括三个方面,即事故直接原因(不安全动作)、事故间接原因(安全知识、安全意识、安全习惯)、操作程序(管理体系)原因和安全文化(认识)原因。其中安全文化（认识）原因的根据,可以参考表 4-1 中的元素。这些元素是傅贵等[46]在加拿大学者 A.C.Stewart 研究基础上[47],结合我国安全生产法律法规及学者的科学研究,并整合安全管理核心理念条目得出来的。

表 4-1　安全文化关键元素

序号	元素名称	意义阐述
1	安全的重要程度	对"安全第一,预防为主,综合治理"的重视程度,正确认识到安全第一的重要性
2	伤亡事故可预防程度	只有坚持零事故的信仰,才能树立一切事故可以避免的信心,才能扎实工作,打好安全工作的基础
3	安全创造经济效益的认识程度	安全是能够创造经济效益的,只有主动做安全,安全事业才能做好,被动做安全不会做好安全工作
4	安全融入管理的程度	企业在任何一项工作开始之前都要优先考虑安全,实行安全一票否决
5	安全主要决定于安全意识	安全意识是发现和识别危险源的能力,意识决定行为,企业整体提高安全意识,才能提高全体员工对于隐患的辨别发现和处理能力,进而提高企业安全性
6	安全生产主体责任的认识	《安全生产法》第五条规定:生产经营单位的主要负责人对本单位的安全生产工作全面负责。"管生产必须管安全",企业是安全生产的责任主体,强化企业的安全生产主体责任意识,能有效提高企业对安全的重视程度
7	安全投入的认识	《安全生产法》第二十条规定:生产经营单位应当具备的安全生产条件所必需的资金投入,由生产经营单位的决策机构、主要负责人或者个人经营的投资人予以保证。保证企业在安全方面的投入,才能保障企业的安全水平
8	安全法规作用的认识	安全法规非常重要,但是企业要预防事故,不能仅仅依靠法规,企业更应当在法规的一般规定之上,制定更加细致、更加完善、更适合本企业的安全条例,才能把安全工作做得更好
9	安全价值观形成程度	安全价值观是企业各个阶层的员工对于安全的一致性认识,正确的安全价值观对于安全工作举足轻重

表 4-1（续）

序号	元素名称	意义阐述
10	管理层负责程度的认识	领导负责程度属于管理层的行为,他们是安全文化建设的推动力量、方案计划的决策力量,他们对安全的重视对于全体员工的影响深远
11	安全部门作用的认识	安全部门应当发挥参谋、协调作用,而不是处罚和监督管理
12	员工参与安全的程度	员工直接参与对企业安全有重要影响,员工的积极参与能够提升全体员工的安全责任心和主人公意识,可以减少违章,完善规章
13	安全培训需求程度	安全培训能够提高员工的安全知识、安全意识,养成安全习惯,是企业安全的基础,员工获得安全培训的愿望越强烈越有利于企业的安全水平提高
14	企业各部门负责安全的程度	《安全生产法》规定:管生产必须管安全。直线部门必须对安全负责,安全生产责任的划分应当更加偏向直线部门负责部分,才能让生产部门更加重视安全
15	对社区安全影响的认识	企业在生产过程中考虑对社区安全的影响是企业的社会责任的体现,企业的安全管理不局限于企业生产环境内部,体现了企业对于安全的追求和认识的提高
16	管理体系作用的认识	安全管理体系是现代管理经验和科学管理方法在企业应用的载体,企业对管理体系的重视和完善能提高安全管理水平
17	安全会议需求程度	安全会议是协调和处理企业生产安全问题的重要途径,必须提高安全会议的质量和效果
18	安全制度形成方式	安全制度的作用效果与形成方式密切相关,因此不仅需要系统地写成文件形式,还需要不断讲解,让员工能够熟记于心
19	安全制度执行一致性	安全制度的作用效果不仅与形成方式有关,更与其能否有效落实、执行是否一致密切相关
20	调查事故类型的认识	根据"事故三角形原理",调查的事故越微小越仔细,把小事故控制好,就能避免大事故的发生

表 4-1(续)

序号	元素名称	意义阐述
21	安全检查类型的认识	安全检查的目的在于纠正不安全的工作环境、不安全行为和消除隐患,进而提高企业生产的安全水平
22	对受伤员工关爱的认识	对受伤员工的关爱可以满足员工的情感需求,是人文关怀在安全管理中的体现
23	业余安全管理	无论在生产环境中还是在业余时间,员工的事故伤害对于企业和个人来说都非常重要,因此必须重视员工的业余安全管理
24	安全业绩的对待	安全业绩必须得到肯定,让员工明白安全业绩值得肯定,才会值得为安全付出,以提高安全重视程度
25	设施满意度	对硬件设施的不断追求和完善,能够提高企业的安全水平
26	安全业绩的掌握程度	企业不仅要熟悉本企业的安全管理制度,更要不断学习和掌握国内外先进的安全管理科学技术,不断提高企业安全管理水平
27	安全业绩与人力资源关系的认识	涉及企业及各部门在选拔人员和岗位匹配时,从源头上消除人因隐患
28	子公司与合同单位安全管理方式	企业应当将子公司与合同单位纳入统一的标准进行管理,并且承担相应的责任
29	安全组织的作用	安全专业人员的数目毕竟有限,应当充分发挥安全组织的作用
30	安全部门的工作	安全部门所起的作用应当是顾问、协调、监督和专业的指导,而真正的安全工作是各生产部门负责和落实
31	总体安全期望值	"符合安全规定"是强制规定,仅仅是一个最低标准,提升安全就必须有更高的安全期望值,制定更高的安全目标
32	应急能力	安全不仅取决于事故发生前的预防手段,还取决于事故发生时企业的应急能力,能否有效地降低事故造成的伤害,保障员工的安全

注:1~8 为第一类—对企业安全的最基本认识;9~16 为第二类—对企业安全管理基本思路的认识;17~32 为第三类—对企业安全管理基本方法的认识。

4.2.3.2 三维动画事故案例标准剧本设计

动画剧本是一部动画影片的基础,因为它不仅是动画作品的制作前提,还是动画作品导演的创作依据,是一部动画作品成功与否的关键之一[48]。动画剧本是一种特殊的以动作和声音说明为主的应用文体形式[49],这为我们重点要演示的爆破不安全动作提供了良好平台。

动画影片是以连续性的图像(镜头)和声音为表现手段的媒体形式,动画剧本在内容上就必须明确地提供相应的图像和声音的描述和说明[49]。本三维动画事故案例剧本设计主要包括五个方面,即事故发生时间、事故发生地点、人物、内容、旁白。相应地,事故案例动画剧本写作规范设计如下:黑色斜体字体表示不安全动作,是重点要展示的部分;大括号{}里面的内容表示说明解释性的内容;小括号()里面的内容表示人物的动作。下面以一起爆破事故的部分剧本为例详细描述。

××煤矿重大瓦斯爆炸事故案例三维动画剧本(片段)

场景十一:

时间:接场景十时间{卢美利返回途中},发生瓦斯爆炸前

地点:-85 m水平西翼采区掘进工作面{总共7个炮眼,2个顶眼,3个底眼,2个掏槽眼}

人物:非爆破工小张

内容:非爆破工小张爆破封孔长度不够

对白:小张:(等不及,焦躁)怎么老卢还没回来?

小张:(灵机一动)我自己来放(小张来到工作面前,向2个掏槽眼中装药封孔,其中靠近上帮侧1个掏槽眼残孔深度为0.7 m,按照规定炮眼深度为0.6~1 m时,封泥长度不得小于炮眼深度的1/2,*小张却只封了0.15 m*)。

4.2.4 三维动画设计结果

图4-1~图4-3所示为结合事故案例制作的一部三维动画视频的部分画面。

4.2.5 三维动画不安全动作演示方法有效性分析

三维动画不安全动作演示方法着手于如何将事故案例所包含的信息(事

图 4-1　事故发生过程部分画面

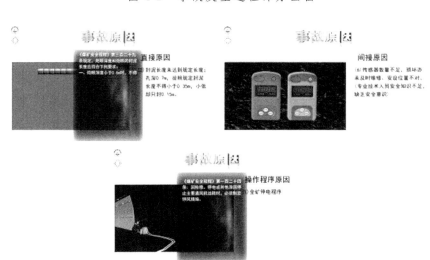

图 4-2　事故原因分析部分画面

图 4-3　事故预防及控制措施部分画面

故是如何发生的、导致事故发生的不安全动作、如何预防、有何征兆、发生后如何应对等)最大限度地传播给受众,通过提高员工的安全知识、安全意识及安全习惯,进而消除员工的不安全动作。如何让受众更好地接受事故案例培训所要传达的内容,选择何种媒介是一个重要方面。

传播学是研究人类社会信息传播现象和行为及其规律的人文社会科学[50]。听觉传播就是以听觉为接受信息的主要方式,以声音(包括语言、音乐和音响)为传递内容的信息载体[51]。视觉传播是用图像符号进行信息交流的传播方式及观念[52]。这里视觉符号特指由事物的形态、结构、色彩等展现出的外在形象,用以进行信息表述和传达。有学者指出 80% 的信息是通过视觉得到的[53],也有学者指出在信息传播中听觉起到了更大的作用[54]。

达·芬奇曾说过,距离感官最近的感觉反应最迅速,这就是视觉,所有感觉的首领。人体从外部接收的信息大约 70% 来自眼睛,听觉、嗅觉、触觉等加起来只占到 30%。因此可以说,视觉形式的信息接受是人类最主要的信息来源,就单一形式的传播途径来看,视觉信息传播形式可以达到最大的传播效果。

进行事故案例培训有多种方法,如将事故案例编制成手册进而组织员工自主学习,安全员对事故案例进行课堂讲解,无线电广播讲解事故案例,用三维动画对事故案例进行呈现等。这些方法各有特点,有的更利于调动受众的听觉,有的更利于调动受众的视觉。对大量的事故案例培训方法进行分析后发现,根据所调动受众感官的不同,可将事故案例培训方法分为三类:以视觉冲击为主的资料版传播方式、以听觉冲击为主的音频版传播方式、结合视听为一体的三维动画传播方式。资料版传播方式的优点:① 信息容量较大,即具有内容详细、丰富多样、分析深刻的特点;② 保存信息的力量强,即印刷品易于查阅；③ 受众选择的主动性大，即如何阅读由读者选择；④ 细节性，集纳许多无表达价值的信息；⑤ 解析性，具有更强的解释能力。但它存在时效性差、缺乏图声并茂的动感和亲切性、要求具有一定文化程度才能阅读的缺点。音频版传播方式的优点：① 表达意思快速而准确，时效性强；② 受众面广，渗透性强；③ 听觉媒介，有感染力，适合提供娱乐；④ 对广大受众而言有较强的接近性。但它存在缺乏保留性、无选择性、单纯提供听觉效果导致受众印象不深的缺点。三维动画版传播方式则视听兼备、生动逼真、感染力强，不仅手段先进、传递神速、超越空间能力强，使用也更加便利，是一次投资、长期消费的媒介[55]。

加拿大学者麦克卢汉在 1964 年出版的《理解媒介》一书中提出"媒介即讯息"观点，他指出："虽然技术的效果并未在意见或观念的层次上发挥作用，但却逐渐地且不可避免地改变了'感官作用的比例'或'理解的形式'。在事故案例培训中，感官作用主要是视觉与听觉。视频技术，取长补短，秉承两者优势，发展成为一种现代最重要的社会文化传播艺术类型。三维动画是视频技术的一种，采用这种方法来展现事故案例，既能吸引受训者眼球，又能使受训者真实、直观地感受事故现场，加深受训者对事故的印象。

清华大学汽车安全与节能国家重点实验室裴剑平等[56]开发了三维动画程序，用三维动画形式演示了车辆在事故过程中的运动。在其所构造的虚拟世界中，用户可以根据实际案例的情况，调节演示的基本要素近似于实际现场，再现了交通事故。

酒泉卫星发射中心范小龙等[57]利用三维动画模拟技术实时模拟空天飞行器飞行的实况，通过直观的视觉效果为航天发射任务中广大参试人员提供了空天飞行器每时每刻的详细飞行情况。

霍宏[58]采用三维动画课件的形式，立体、动态地表达案情，建立了更为接近实际情况的动态模型，得出结论是三维动画课件特别适合于运作管理案例教学，显著提高了 MBA 学员的教学参与程度，并且提高了案例分析和方案设计的水平。

另外，科学家们也将动画应用于流体力学、生物化学的数据可视化，以实时动态的方式显示各种物理量的变化过程，辅助地揭示用人眼看不到的物理变化规律，从而为科学家探索和解决宇宙的奥秘提供了新思路[59]。

本书第 5 章的事故案例选择调查问卷中有一题为"您认为能对煤矿职工

产生深刻印象、培训效果最好的事故案例教学方式是："（见图 4-4），通过对
118 份调查问卷的分析（见表 4-2）得出，88.9％的受访者认为三维立体动画是
最好的事故案例教学方式，其次依次为：录像（86.5％）、Flash 动画（83.0％）、
文本＋图片（63.6％），而单一文本和单一图片的方式都存在比较低的认同，在
事故案例教学中不应该采用。三维立体动画应作为当前及以后事故案例教学
方式的发展方向。

19.您认为能对煤矿职工产生深刻印象、培训效果最好的事故案例教学方式是：＊

	非常同意	同意	一般	不同意	非常不同意
1）单一文本方式学习效果最佳	○	○	○	○	○
2）单一图片方式学习效果最佳	○	○	○	○	○
3）文本+图片方式学习效果最佳	○	○	○	○	○
4）录像方式学习效果最佳	○	○	○	○	○
5）Flash动画方式学习效果最佳	○	○	○	○	○
6）三维立体动画方式学习效果最佳	○	○	○	○	○

图 4-4　调查问卷中题项

表 4-2　事故案例教学方式统计结果

项　　目		单一文本	单一图片	文本＋图片	录像	Flash 动画	三维立体动画
N	有效	118	118	118	118	118	118
	缺失	0	0	0	0	0	0
均值		2.771 2	2.830 5	3.830 5	4.110 2	4.152 5	4.364 4
非常认同 （分值 5）的比例		10.2％	2.5％	24.6％	31.4％	36.4％	52.5％
认同（分值 4&5）的比例		20.4％	17.8％	63.6％	86.5％	83.0％	88.9％
标准差		1.104 85	0.840 28	0.870 26	0.814 23	0.812 58	0.823 43

综上所述，三维动画技术由于其精确性、真实性和无限的可操作性，被广
泛应用于地产、工业、医学、教育、军事、娱乐等诸多领域，随着三维动画软件功
能愈来愈强大，操作愈来愈容易，使得三维动画得到更广泛的运用。因此，采
用三维动画来展现事故案例及其中的不安全动作是可行的、有效的。

4.3　虚拟现实安全动作训练

　　瓦斯爆炸事故安全动作训练具有特殊性,人们不可能在真实的瓦斯爆炸危险环境中进行训练或验证,而且传统的教学培训方式培训效果不佳,因而最好是能够模拟真实环境的系统来辅助受训者感受这种环境,从这种意义上说,只能用虚拟现实技术来解决。虚拟现实技术是通过计算机创建一种虚拟环境,并通过三维视觉、听觉、触觉等作用,使用户产生身临其境的感觉并可实现用户与该环境之间的交互。通常,虚拟现实系统具有多种输出形式(如图形、声音、文字等)和处理多种输入设备的能力,并且能够进行碰撞检测、实时交互、视点控制及复杂行为建模等[60]。通过这种方法的反复训练,受训者丢弃了不安全的动作,在实际工作中遇到同样的情景时就能自觉地做出安全的动作。

4.3.1　虚拟现实技术定义

　　虚拟现实技术(Virtual Reality,VR)是利用计算机生成一种模拟环境,通过多种传感设备使用户"投入"到该环境中,实现用户与该环境直接进行自然交互的技术[61-62];它是人与信息相结合的科学,其三维、互动的环境由交互式计算机生成。虚拟现实系统具有"3I"特征,即 Immersion(沉浸性)、Interaction(交互性)和 Imagination(想象性)[63]。

4.3.2　虚拟现实安全动作训练设计

4.3.2.1　训练步骤设计

　　训练步骤分三个部分,即摸底测试、培训和考试测试。这种训练模式旨在反复训练爆破工,使爆破工养成安全的行为动作习惯,建立长效的安全生产效果。考试测试成绩不合格重新从(1)步骤进行训练。

　　(1)摸底测试

　　在没有提示的情况下,让一线爆破工按照自己原来的想法操作,测试通过就不用进行(2)和(3)步骤;测试不通过就会产生瓦斯爆炸的情形并给予说明哪一步错误,错误的地方给出相应的事故案例和安全规定,让受测试爆破工形成印象,测试不通过要进行(2)和(3)步骤。统计出总体被测试爆破工的原始水平(分为新进员工、懂点知识的员工、经验丰富的老员工,可以事先把他们分类)。

（2）培训

根据(1)步骤的分类,对于经验不同的一线员工,设计不同的培训方式。例如,对于经验丰富的员工,不用语音或者文字提示;而对于新进的员工,给以语音或文字提示。按照作业程序进行,前一程序做错不能进行下一程序。当受训者做了不安全动作,系统会提醒受训者并播放与此不安全动作相关的典型事故案例和安全规定,增强说服力。

（3）考试测试

根据受训者对评估题的回答情况,系统自动记录受训者的考试测试表现。这样,考试测试完成后就可获得一个评估受训者表现的总结报告,可以得出他们的安全知识水平。测试结果达不到合格成绩(例如 60 分),会出现瓦斯爆炸的场面。

4.3.2.2 测评方法设计

训练效果的测评是所有培训过程必须进行的,这是一个具有比较普遍科学意义的问题。通过测评,可以掌握所设计的训练方法对于提高受训者的安全意识、安全知识、安全习惯的作用。

（1）作业动作评估题设置

根据具体情况,评估题设置成选择题和判断题两种题型。测试的时候每次给出的题目应该是不一样的,这一点非常重要,它意味着受训者无法通过反复摸索训练和单纯的记忆而获得测试的合格。每一次测试都是独一无二的,这样受训者所具有的安全专业知识被评估出来,从而养成良好习惯。

（2）评估题内容形式

评估题内容形式以图片和文字为主,设计效果如图 4-5～图 4-7 所示。

（3）分值设置

对于表 3-6 统计到的 28 种不安全动作,比率设置都按照表 3-6 中的比率值;对于事故统计中没有统计到的但是属于爆破作业中不安全动作,比率都设置为 0。共 33 道试题,总分设置为 100 分,按照下式计算得出试题分值。

$$试题分值＝基础分值×(1＋比率) \tag{4-1}$$

通过计算得出基础分值为 0.75,代入式(4-1)分别计算出各不安全动作应赋分数,结果如表 4-3 所示。

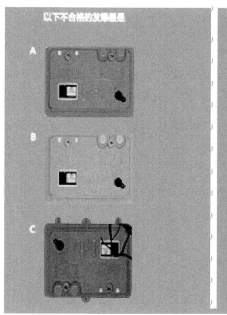
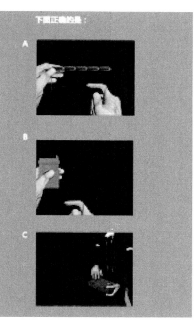

图 4-5 图片选择题

图 4-6 文字判断题

图 4-7 文字选择题

表 4-3　分数计算结果

试题编号	试题所对应的不安全动作	分值
1	没领取合格的发爆器	2
2	用短路的方法检查发爆器	2
3	使用非爆破母线爆破	2
4	不使用安全炸药	3
5	领取到不合格的电雷管	1
6	电雷管和炸药装在同一容器内	1
7	交接班、人员上下井的时间内运送爆炸材料	1
8	在装有爆炸材料的罐笼或吊桶内,除爆破工或护送人员外,还有其他人员	1
9	让其他人员一块乘车	1
10	用刮板输送机、带式输送机等运输爆炸材料	1
11	存放爆炸材料位置不当	2
12	装配起爆药卷方法不当	1
13	距贯通地点 5 m 内,没有打超前探眼	1
14	距采空区 15 m 前,没有打探眼	3
15	没有清理炮眼里的煤粉、没有封炮眼和放糊炮	8
16	未将炮眼内煤粉掏净	1
17	未将药卷紧密接触	1
18	在有瓦斯和煤尘爆炸危险的爆破地点采用反向爆破	2
19	装药量过多	1
20	封孔不使用水炮泥	10
21	未填足封泥	13
22	多母线爆破	1
23	悬挂母线位置不当	1
24	没有包好爆破母线接头	8
25	爆破前没有检查线路	2
26	发爆器打火放电检测电爆网路	2

表 4-3(续)

试题编号	试题所对应的不安全动作	分值
27	爆破时未掩盖好设备	1
28	未连接好发爆器接线柱和母线	7
29	明火、明电爆破	11
30	在一个采煤工作面使用两台发爆器同时进行爆破	1
31	一次装药,多次爆破	4
32	爆破后检查不仔细,使炸药残质复燃	2
33	处理瞎炮方法不当	1

4.3.2.3 作业训练过程设计

爆破工作业训练过程按照表 3-8 的爆破作业工序顺序来设计。具体是将第 3 章识别得到的 28 个爆破工不安全动作、事故案例、安全规定、安全知识、安全条件和评估过程等嵌入爆破作业工序,得到爆破工作业训练过程。

因介绍全部作业训练过程篇幅相对较大,故选择爆破作业工序中一段的作业训练过程设计作为具体展示。由第 3 章结论可知,"未填足封泥""明火、明电爆破"和"封孔不使用水炮泥"3 种不安全动作是爆破工不安全动作中的主要类型,同时,根据第 3 章中对爆破作业工序中不安全动作的统计分析结果,"未填足封泥"和"封孔不使用水炮泥"这两种不安全动作是研究装药过程中的不安全动作的关键,而且这两种不安全动作也属于封孔作业过程中的行为,所以爆破工不安全动作训练过程设计以封孔作业过程中一作业动作为重点来设计,结果如表 4-4 所示。

4.3.3 虚拟现实训练系统

图 4-8～图 4-10 为根据 4.3.2 节虚拟现实安全动作训练设计开发的虚拟现实训练系统。

4.3.4 虚拟现实安全动作训练方法有效性分析

与传统的培训方法相比,应用虚拟现实技术模拟作业训练具有以下几点优势:

表 4-4　封孔作业训练过程设计

具体爆破作业工序	作业动作	作业中的不安全动作	相关事故案例数量/例	相关安全规定	不安全动作评估		分值/分
					评估题		
封孔	慢慢用力,轻捣压实装填水炮泥	封孔不使用水炮泥	21	《煤矿安全规程》第三百五十八条	单选题。以下哪些材料可以作为封孔用的封泥?选择项:可燃性的煤块,可燃性的岩粉,可燃性的药卷纸,不燃性的砂,黏土(水炮泥),块状材料		10
		未填足封泥	27	《煤矿安全规程》第三百五十八条、第三百五十九条	单选题。备选题: (1) 炮眼深度小于多少时,不得装药、爆破?选择项:0.4 m,0.5 m,0.6 m,0.7 m; (2) 在特殊条件下,如挖底、刷帮、挑顶确需浅眼爆破时,必须制定安全措施,炮眼深度可以小于多少,但必须封满炮泥。选择项:0.4 m,0.5 m,0.6 m,0.7 m; (3) 炮眼深度为 0.6~1 m 时,封泥长度不得小于炮眼深度的多少?选择项:1/2,1/3,1/4,1/5; (4) 炮眼深度超过 1 m 时,封泥长度不得小于多少?选择项:0.4 m,0.5 m,0.6 m,0.7 m; (5) 炮眼深度超过 2.5 m 时,封泥长度不得小于多少?选择项:0.5 m,1.0 m,1.5 m,2.0 m; (6) 光面爆破时,周边光爆炮眼应用炮泥封实,且封泥长度不得小于多少?选择项:0.2 m,0.3 m,0.4 m,0.5 m; (7) 工作面有 2 个或 2 个以上自由面时,在煤层中最小抵抗线不得小于多少?选择项:0.3 m,0.4 m,0.5 m,0.6 m; (8) 工作面有 2 个或 2 个以上自由面时,在岩层中最小抵抗线不得小于多少?选择项:0.2 m,0.3 m,0.4 m,0.5 m; (9) 浅眼装药爆破大岩块时,最小抵抗线和封泥长度都不得小于多少?选择项:0.1 m,0.2 m,0.3 m,0.4 m		13

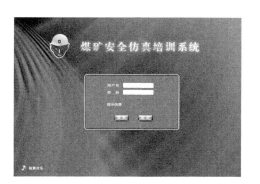

图 4-8　系统登录画面

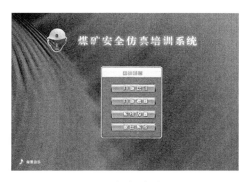

图 4-9　系统菜单画面

图 4-10　培训步骤部分画面

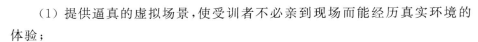

（1）提供逼真的虚拟场景，使受训者不必亲到现场而能经历真实环境的体验；

（2）提供清晰的画面，使受训者能全方位清晰地了解作业环境；

（3）不受训练环境的限制，通过构建虚拟环境，受训者可以在任何复杂、危险的环境中接受训练；

（4）避免误操作造成的人员伤亡和设备损坏，能有效降低培训成本。

利用虚拟现实技术进行员工培训是一个趋势。目前虚拟环境技术在飞行员训练、电子游戏、建筑设计、制造业、医学等领域已经获得巨大成功[64-71]，应用虚拟现实技术进行矿山作业的模拟训练也逐渐受到了人们的关注[72-78]。英国诺丁汉大学[79-81]化工、环境与采矿工程学院所属的人工智能及其矿业应用研究室（简称 AIMS）较早从事人工智能、计算机绘图、虚拟现实等在矿业中应用的研究，他们开发了虚拟现实安全培训软件，主要应用在安全生产实践中培训露天矿汽车司机等。2009 年在匹兹堡召开了专门的虚拟现实与采矿安全训练的国际会议[82]，澳大利亚矿山救护站在煤矿安全训练上取得了很大成功。煤矿行业也尝试引入虚拟现实技术用于煤矿生产、管理、决策和设备控制调度[83]。2006 年，解放军信息工程大学王宝山[84]将虚拟现实技术与相对传统的煤炭行业相结合，对煤矿地面环境、地质体、巷道及附属设施的空间数据获取、三维建模及其可视化等相关技术进行了研究，开发出了煤矿虚拟现实系统的原型系统；2007 年，中国科技大学蔡林沁[85]将煤矿环境与虚拟现实技术有机结合，系统地研究煤矿虚拟环境的建模方法，特别是将智能技术融入虚拟环境中，深入开展基于 Agent 技术的煤矿智能虚拟环境研究，以探索能有效保障煤矿生产安全的新途径；2009 年，平顶山煤业集团王长平等提出了基于虚拟现实的采煤机远程监控数字化平台构建方案；2010 年，太原理工大学高红森等[86]研究了把虚拟现实技术与煤炭安全生产相结合，建立煤矿工人安全行为仿真系统的方法。此外，太原理工大学开发出的综采工作面虚拟现实系统，可以模拟采煤的生产系统和演示综采工艺过程。

目前虚拟现实技术得到了较为广泛的应用，并且在矿山安全方面应用现状良好，随着该技术的进一步发展，它必将成为矿山领域预防事故的有效手段。虚拟现实安全动作训练方法也是有效、可行的。

4.4　本章小结

　　本章采用三维动画不安全动作演示和虚拟现实安全动作训练两种方法来解决爆破工的不安全动作问题。针对三维动画不安全动作演示,进行了三维动画事故案例内容设计和三维动画事故案例标准剧本设计,并结合一起爆破工不安全动作引发事故案例制作出一部三维动画视频;针对虚拟现实安全动作训练,进行了训练步骤设计、测评方法设计和作业训练过程设计,以爆破工工种为例设计开发出虚拟现实安全动作训练系统。通过实例证明,三维动画不安全动作演示和虚拟现实安全动作训练两种方法是有效的。

5　煤矿事故案例选择方法的研究

以往事故案例选择方法不系统全面,只是定性选择。针对这种情况,本章将对大量事故案例进行分析,再通过调查问卷的方式筛选得到认同度高的影响因素作为选择事故案例的因素,然后通过层次分析法确定各种影响因素的权重,最后制定出一套定量选择事故案例的方法,并运用此种方法选择出事故案例,用于培训爆破工避免 28 种不安全动作。

5.1　事故案例选择影响元素的提出

在第 4 章中,三维动画不安全动作演示和虚拟现实安全动作训练两种方法都与事故案例有关。实际情况是一种不安全动作可能会对应多个事故案例,选择哪一个事故案例用作不安全动作训练效果最好? 以往事故案例选择方法并不系统全面,只是定性地选择典型事故案例,但具体什么是典型事故案例并没有说明白,大多数称典型事故案例为损失严重的、伤亡较大的事故案例。《辞海》中对"典型"的解释:"典范;范例";"亦称'典型人物''典型形象'或'典型性格',作家、艺术家用典型化方法创造出来的既具有个性生动性,又蕴含着社会人生的普遍性内容的艺术形象"。作者检索文献发现,并没有对典型事故案例的确切定义。

通过《中国煤矿事故暨专家点评集》等事故书面报告的统计分析,发现这些事故书面报告有一些共同的指标性元素。作者对其仔细分析总结,沉淀出10 个对煤矿事故案例选择有影响的构成元素,为方便统计,将这些元素用A～J 进行编号,记录在表 5-1 中。

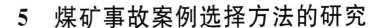

表 5-1　煤矿事故案例选择影响元素统计表

序号	元素编号	元素内容
1	A	不安全动作
2	B	矿井地点

表 5-1（续）

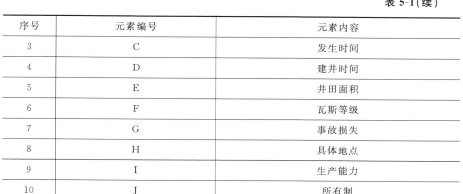

序号	元素编号	元素内容
3	C	发生时间
4	D	建井时间
5	E	井田面积
6	F	瓦斯等级
7	G	事故损失
8	H	具体地点
9	I	生产能力
10	J	所有制

5.2 煤矿事故案例选择调查问卷的设计

本节研究煤矿事故案例选择调查问卷的设计。在规范的实证研究中，概念模型的变量确定之后，需要将变量进行操作化，以设计问卷量表。由于变量操作化的严谨性和周延性会对测度结果有重要的影响，在本研究中，对于问卷量表的编制主要采用 Likert 五级量表。问卷的编制程序，借鉴了本实验室以往的成功经验和国内一些比较成熟的量表，并在使用过程中结合我国煤矿企业的实际情况进行了修正。

5.2.1 问卷设计

整个问卷的编制建立在相关的确定研究变量基础上，针对本研究内容搜集相关的文献与量表，通过借鉴本实验室成功实施的量表和专业的问卷制作网站制作问卷草稿，并进行研究问卷的前测。在此过程中，针对前测所反馈的意见对问卷内容和语句进行修改，使其更符合和适用于实际数据的准确和方便获取。在此基础上进行研究问卷试测，直到问卷正式定稿。

5.2.2 问卷类型

根据调查方式的不同，问卷可分为派访员访问调查问卷、电话调查问卷、邮寄调查问卷、网上调查问卷和座谈会调查问卷等[87]。由于明确了调查问卷的限制条件,调查在中国矿业大学(北京)资源与安全工程学院安全系学生和老师中进行,学生包括从事安全类专业的本科、硕士(学术和专业)、博士生。由于在校学生和老师平时忙于自己的学习和工作,很难集中起来在某一时间段来完成,所以我们采用了网上调查问卷的方式,通过专业的调查问卷网站,将问卷的链接发给学生和老师的班级群或者邮箱等。

如图 5-1 所示,这是我们采用的电子调查问卷,先将链接发给被测评者,被测评者通过在线答题的方式提交问卷到问卷星网站上,我们再通过后台账号下载这些问卷,将问卷中的数据输入 SPSS18.0 软件中(如图 5-2 所示)进行必要的统计学处理。

图 5-1　煤矿事故案例选择电子调查问卷

5.2.3　试题形式

本问卷包括三部分:问卷名称、引言、填写说明和问卷主体,采用不记名和电子问卷的方式。问卷主体包括两部分:个人基本信息和问卷题目。个人基本信息包括答题者的性别、职业和学历水平,设计此项内容是为了在结果分析时对样本分布进行分析。问卷题目由涵盖煤矿事故案例选择 10 个影响元素的若干问题组成。

问卷题目有两种:一种是由题号、题干、选项、选项赋值组成,题干是陈述

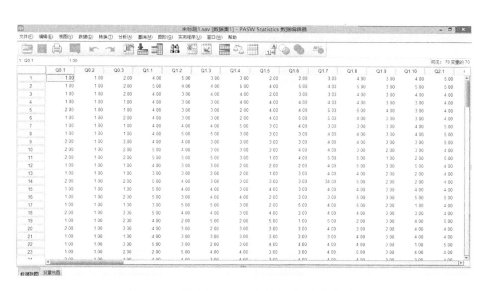

图 5-2　SPSS 18.0 处理调查问卷信息

句,选项赋值是分析计算时使用的,要求被测评者选择出自己的认同度;另一种是采用问答的形式,题干是问句,要求被测评者对题目回答主观看法。前者每题必答,后者可以选择不答。

选项为五项,是美国社会心理学家 Lierkt(利克特)设计的"非常同意""同意""不确定""不同意""非常不同意"五种回答由被测评者进行选择,代表被测评者对调查项目的看法和态度。

选项赋值采用 Lierkt 五级量表法。由最低 1 分到最高 5 分变化,这样全部被测评者的所有得分都会输入 SPSS 软件中进行处理,得出统计结果。

5.2.4　试题个数

一份科学的、具有可操作性的调查问卷的试题不是越多越好,试题太多会使被测评者在作答时产生烦躁心理而影响答题的质量,而试题过少又不能全面、客观地反映实际情况。

本调查问卷选取了 15 个与煤矿事故案例选择 10 个影响元素相关的问题,既保证了问卷的有效性,又最大限度地减少了试题的数量,提高了答题的质量。

5.2.5 试题内容

将前面建立的煤矿事故案例选择影响元素及各元素包含的具体内容作为问卷试题设计的理论依据,再通过咨询安全学科的学者等方式筛选出能够切实有用的选择煤矿事故案例的 15 个测评内容及相应的试题。表 5-2 列出了所有试题的测评内容。

表 5-2　试题测评内容表

	元素内容	测评内容
总	所有元素	事故案例选择标准的重要性
分	事故发生地点	事故发生在培训地点同一集团公司
		事故发生在培训地点同一市县
		事故发生在培训地点同一省份
		事故发生在别的省份
	事故发生时间	事故发生在近 5 年
		事故发生在近 10 年
		事故发生在近 20 年
		事故发生 20 年以上
	事故矿井建井时间	近 5 年建井
		近 10 年建井
		近 20 年建井
		20 年以上的老矿井
	事故矿井井田面积	大于 20 km² 的特大型矿井
		在 10 km² 至 20 km² 的大型矿井
		在 1 km² 至 10 km² 的矿井
		小于 1 km² 的小煤矿
	事故矿井瓦斯等级	事故发生在高瓦斯矿井
		事故发生在低瓦斯矿井
		事故发生在煤与瓦斯突出矿井

表 5-2(续)

	元素内容	测评内容	
分	事故案例损失类型事故矿井生产能力	事故中有死亡	死亡 30 人以上
			死亡 10～29 人
			死亡 3～9 人
			死亡 3 人以下
		事故中有受伤	重伤 100 人以上
			重伤 50～99 人
			重伤 10～49 人
			重伤 10 人以下
		事故中有直接经济损失	直接经济损失 1 亿元以上
			直接经济损失 5 000 万～1 亿元
			直接经济损失 1 000 万～5 000 万元
			直接经济损失 1 000 万元以下
	事故矿井生产能力	3.0 Mt 及其以上的超大型矿井	
		1.2 Mt、1.5 Mt、1.8 Mt、2.4 Mt 的大型矿井	
		0.45 Mt、0.6 Mt、0.9 Mt 的中型矿井	
		0.09 Mt、0.15 Mt、0.21 Mt、0.3 Mt 的小型矿井	
	事故发生具体地点	事故发生在采煤工作面	
		事故发生在掘进工作面	
		事故发生在顺槽	
		事故发生在平巷	
		事故发生在车场	
		事故发生在石门	
		事故发生在采空区	
		事故发生在井筒	
		事故发生在其他地点	
	事故矿井所有制性质	事故矿井是国有重点煤矿	
		事故矿井是国有地方煤矿	
		事故矿井是乡镇煤矿	
		事故矿井是其他类型的煤矿	

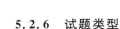

5.2.6 试题类型

本调查问卷要通过对安全学科的学者进行调查来确定什么样的指标有助于选择出合适的事故案例用于培训工作,提高培训的质量。因此,在问卷题型设计的时候,将其分为两类,并命名为"意识型"试题和"建议型"试题。

(1)"意识型"试题。被测评者根据自己所掌握的安全科学知识及现场经验,来选择对题目的主观同意程度。例如表 5-3 所示试题,反映的是被测评者的主观认知程度。

(2)"建议型"试题。被测评者根据问卷的提问进行建议补充,对事故案例的选择标准提出自己的看法,如表 5-4 所示。

表 5-3 事故案例选择调查问卷试题举例表 1

题号	题干	得分	选项
Q2.1	您认为能使煤矿职工产生深刻印象、培训效果最好的事故案例在煤矿职工同一个集团公司的最有教育意义	5	非常同意
		4	同意
		3	不确定
		2	不同意
		1	非常不同意

表 5-4 事故案例选择调查问卷试题举例表 2

题号	题干
Q14	您认为还有哪些指标对煤矿职工培训效果有影响,何种影响?

5.3 调查问卷抽样方法的设计

5.3.1 抽样方法介绍

目前抽样方法主要分为随机抽样(probability sampling)和非随机抽样(non-probability sampling)。随机抽样,即在抽样时,母群体中每一个抽样单位被选为样本的概率相同。随机抽样具有健全的统计理论基础,可用概率理论加以解释,是一种客观而科学的抽样方法,在市场调查中通常都采用随机抽样,包括简单随机抽样、分层抽样、整群抽样、系统抽样和多阶段抽样。非随时抽样,即在抽样时,抽样单位被选为样本的概率为不可知,包括偶遇抽样、判断抽样、定额抽样和雪球抽样。

5.3.1.1 随机抽样

（1）简单随机抽样

简单随机抽样也称为单纯随机抽样、纯随机抽样、SPS 抽样,是从总体 N 个单位中任意抽取 n 个单位作为样本,使每个可能的样本被抽中的概率相等的一种抽样方式。简单随机抽样是最基本的抽样方法,分为重复抽样和不重复抽样。在重复抽样中,每次抽中的单位仍放回总体,样本中的单位可能不止一次被抽中。不重复抽样中,抽中的单位不再放回总体,样本中的单位只能被抽中一次。社会调查采用不重复抽样。

（2）分层抽样

分层抽样是先将总体的单位按某种特征分为若干次级总体（层）,然后再在每一层内进行单纯随机抽样,组成一个样本的方法。一般地,在抽样时,将总体分成互不交叉的层,然后按一定的比例,从各层独立地抽取一定数量的个体,将各层取出的个体合在一起作为样本,这种抽样方法是一种分层抽样,又称分类抽样或类型抽样。分层抽样的特点是将科学分组法与抽样法结合在一起,分组减小了各抽样层变异性的影响,抽样保证了所抽取的样本具有足够的代表性。

（3）整群抽样

整群抽样又称聚类抽样（cluster sampling）,是将总体中各单位归并成若干个互不交叉、互不重复的集合,称之为群,然后以群为抽样单位抽取样本的一种抽样方式。整群抽样能提高抽样的精度和节约费用[88],能克服样本分散、样本框难以编制等问题。应用整群抽样时,要求各群有较好的代表性,即群内各单位的差异要大,群间差异要小。

（4）系统抽样

系统抽样也称为等距抽样、机械抽样、SYS 抽样,它是首先将总体中各单位按一定顺序排列,根据样本容量要求确定抽选间隔,然后随机确定起点,每隔一定的间隔抽取一个单位的一种抽样方式。系统抽样是纯随机抽样的变种。在系统抽样中,先将总体从 $1 \sim N$ 相继编号,并计算抽样距离 $K = N/n$,其中 N 为总体单位总数,n 为样本容量;然后在 $1 \sim K$ 中抽取一随机数 k_1,作为样本的第一个单位，接着取 $k_1+K, k_1+2K\cdots\cdots$，直至抽取够 n 个单位为止。

（5）多阶段抽样

多阶段抽样（multistage sampling）是指将抽样过程分阶段进行，每个阶段使用的抽样方法往往不同，即将各种抽样方法结合使用。多阶段抽样在大型流行病学调查中常用。其实施过程为：先从总体中抽取范围较大的单元，称为一级抽样单元，再从每个抽得的一级单元中抽取范围更小的二级单元，依此类推，最后抽取其中范围更小的单元作为调查单位。

5.3.1.2　非随机抽样

非抽样不按照概率均等的原则，而是根据人们的主观经验或其他条件抽取样本。其样本的代表性较差，误差较大，所以在正式调查中一般不采用非随机抽样的方法进行抽样。

（1）偶遇抽样

偶遇抽样（accidental sampling）又称为便利抽样（convenience sampling），是指调查人员根据实际情况，为方便开展工作，选择偶然遇到的人作为调查对象，或者仅仅选择那些离得最近的、最容易找到的人作为调查对象。例如在广场选择来往行人进行调查。

（2）判断抽样

判断抽样又称立意抽样，是指根据调查人员的主观经验从总体样本中选择那些被判断为最能代表总体的单位作样本的抽样方法。

（3）定额抽样

定额抽样又称配额抽样，是指调查人员按调查对象总体单位的某种特征，将总体分为若干类，按一定比例在各类中分配样本单位数额，并按各类数额任意或主观抽样。定额抽样在抽样时并不遵循随机的原则。

（4）雪球抽样

雪球抽样是指在开始抽样时，先从能方便找到的研究对象进行调查，然后通过这些研究对象接触到更多的符合研究目的的研究对象，一步步扩大样本规模。

5.3.2　调查问卷抽样方法的设计

煤矿培训用事故案例选择的研究对象是安全学科的学者，调查地点定为中国矿业大学(北京)资源与安全工程学院安全工程系。根据安全工程系师生的结构,按照学历可以分为三种类型:① 本科生;② 在校硕士研究生(专业硕士和学术硕士);③ 在校博士研究生(包括博士后)。其中安全工程系的本科生和硕士生在校数量基本一致,博士生偏少。按照职业可以分为教师(包括研究员)和学生两类,其中教师和研究员的比例比较小,但教师和研究员在煤矿事故案例选择调查研究中具有至关重要的意义。因此,在事故案例选择调查的抽样过程中,必须充分考虑到各种类型人员的情况。作者通过对抽样方法的比较,发现分层抽样最适合事故案例选择调查问卷样本的抽样。

5.4　调查问卷定量测量样本设计

　　样本容量又称样本数,指从总体中按照一定的抽样方法抽取出来的单元数量[89]。在抽样设计时,必须给出明确的样本单位数目[90],样本数量过少,可能导致调查结果稳定性降低;样本数量过大,会急剧增加调查的难度以及成本[91]。总结起来,抽样的过程如图 5-3 所示[92]。图中的虚线表示,当样本评估不满足研究要求时,必须对样本进行重新抽样,确定新的抽样名单。

图 5-3　抽样的过程

5.4.1　样本容量的影响因素

5.4.1.1　样本容量的确定原则

　　(1)选择适当的抽样规模;

　　(2)保证应有的抽样估计精度和检验效率;

　　(3)对抽样估计结果的概率把握程度[93];

　　(4)减少机会损失。

5.4.1.2　样本容量的影响因子

　　我国著名统计学专家耿修林认为,样本容量的影响因子有 5 个,即调查对象的总体变异性程度、估计精度、总体规模、概率把握程度和调查费用[94]。

（1）总体变异性程度

如果一个总体里的每个个体都一模一样，那么只需要一个个体就能够推断总体了；如果每个个体都"非 A 即 B"，那么只需要从 A 类型和 B 类型中各抽取一个个体就可以了。依此类推，如果总体的异质程度提高，说明总体的分布越分散，其波动性越大，同样规模的样本可能会"漏掉"某些类别和特征的个体，因此需要更多的样本量，这也是降低抽样误差的一种手段。

（2）估计精度

由于抽样误差的不可消除，因此样本的统计值跟总体的参数值之间总是存在着误差。如果对误差的容忍度高、对精确性的要求低，那么样本规模可以小一些；反之，就要增加样本规模来降低抽样误差。我们经常用置信度（confidence level，也叫置信水平）来估计抽样误差。置信度体现的是研究者对某个推论的可信度和把握度，当我们说"某个抽样结果的置信度为 95％"时，也就是说，"我们有 95％ 的把握认为"，或者"某个结果出现的可能性为 95％"。为了提高置信度，我们就需要更多的研究样本，99％置信度之下所要求的研究样本就比 95％置信度之下的多得多。

对置信度的要求越高，则样本规模越大。但是，抽样误差的大小不是与样本量成反比，而是与样本量的平方根成反比，因此当样本量增大到一定程度以后（如 3 000），再继续增加样本量，其精确度提高越来越小，多花费的研究精力和时间就得不偿失了。

（3）总体规模

样本规模与总体规模有关，一般来说，总体规模越大，样本也需要越多。样本规模与整体规模之间的关系如图 5-4 所示。

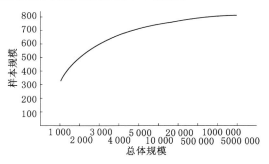

图 5-4　样本规模与总体规模之间的关系[95]

（4）概率把握程度

概率把握程度与抽样推断精度是一对矛盾的统一体，前者要求大，只能靠损失估计精度来到达。在既定的估计精度下，要求的概率把握程度与样本容量成正比。

（5）调查费用与研究者精力

从精确度和总体的异质程度来考虑，样本规模越大则越有代表性，但是，一项研究所能支配的资源是有限的，很多时候，研究者要受自己的时间、精力和研究经费的限制，出于可行性考虑，需要缩小样本规模。如为了了解我国公民的基本状况，开展全国性人口普查很有必要，但这种对总体的全面调查非常耗时耗力，因此每隔几年，我国会进行 1% 的人口抽样调查，根据其结果推断全国公民总体。样本越多，意味着研究碰到的障碍和花费的精力越多，所以，研究者可以根据实际情况来降低或增加样本规模。

5.4.2　样本容量的确定

由于样本的采集地点是中国矿业大学（北京）资源与安全工程学院安全工程系，所以样本的总量是确定的，在团队和老师的帮助下采样进行得比较顺利。我们采用固定比例的分层抽样方法，比例定为 1∶4，最终采集人数如表5-5 所示。

表 5-5　煤矿事故案例选择调查问卷分层抽样的抽样人数

类别	人数/人	样本采集人数/人
本科	240	60
专业硕士	80	20
学术硕士	211	53
博士及博士后	90	23

5.5　调查问卷的可靠性分析

5.5.1　调查问卷的回收率

本研究实施地点为中国矿业大学（北京）资源与安全工程学院安全工程

系,采用分层抽样的抽样方法,通过网页电子调查问卷的方式将链接发给被测评人,其中共邀请本科生 50 人,硕士生 50 人,博士生 30 人,教师 5 人。最终共发放问卷 129 份,回收有效问卷 118 份,其中男性 94 份,女性 24 份;学历方面,本科 32 人,硕士 50 人(其中包括 39 名学术硕士,11 名专业硕士),博士及博士后 36 人;职业方面,学生 107 人,教师 11 人。调查问卷回收率为 95.6%,有效回收率为 87.4%。

5.5.2 信度检验

在使用问卷进行煤矿事故案例选择测评前,必须要对该问卷进行信度(reliability)和效度(validity)检验,以确保问卷的可靠性和合理性。

信度是指测验或量表工具测量所得结果的稳定性(stability)和一致性(consistency)。测验或量表的信度愈高,则其测量标准误差愈小。在态度量表法中常用的检验信度的方法为 L. J. Cronbach 所创的 α 系数,其公式为:

$$\alpha = \frac{K}{K-1}\left[1 - \frac{\sum S_i^2}{S^2}\right] \tag{5-1}$$

式中,K 为量表所包括的总题数;$\sum S_i^2$ 为量表题项的方差总和;S^2 为量表题项加总后方差。

α 系数值介于 0~1 之间,α 出现 0 或 1 两个极端值的概率甚低(但也有可能)。究竟 α 系数要多大才算有高的信度,不同的方法论学者对此看法不尽相同。学者 Nunnally(1978)认为,α 系数值等于 0.70 是一个较低但可以接受的量表边界值;DeVellis(1991)提出以下观点:α 系数值如果在 0.60~0.65 之间最好不要;α 系数值介于 0.65~0.70 之间是最小可接受值;α 系数值介于 0.70~0.80 之间相当好;α 系数值介于 0.80~0.90 之间非常好。由于在社会科学研究领域中,每份量表包含分层面(构面),因而使用者除提供总量表的信度系数外,也应提供各层面的信度系数。综合上述各学者的观点可以发现,从使用者观点出发,如果研究不为筛选,或仅作为参考,且只是一般的态度或心理知觉量表,则其内部一致性信度系数 α 舍取可满足表 5-6[96]。

表 5-6   内部一致性信度系数 α 舍取表

内部一致性信度系数值	层面或构面	整个量表
α 系数<0.50	不理想,舍弃不用	非常不理想,舍弃不用
0.50≤α 系数<0.60	可以接受,增列题项或修改语句	不理想,重新编制或修订
0.60≤α 系数<0.70	尚佳	勉强接受,最好增列题项或修改语句
0.70≤α 系数<0.80	佳(信度高)	可以接受
0.80≤α 系数<0.90	理想(甚佳,信度很高)	佳(信度高)
α 系数≥0.90	非常理想(信度非常好)	非常理想(甚佳,信度很高)

本书利用了 SPSS 18.0 软件,计算各个元素的内部一致性系数 α(见表 5-7),计算结果表明:大部分元素的内部一致性系数超过 0.6。这说明这些元素都可以接受,其中"事故案例损失"类型和"事故发生具体地点"的 α 系数超过 0.8,但"事故发生地点""事故矿井建井时间""事故矿井瓦斯等级"和"事故矿井所有制性质"的 α 系数在 0.5 的等级水平,可以接受但今后需要对语句的表述加以优化。

表 5-7   煤矿事故案例选择各指标内部一致性系数表

	元素	观测项目数	α 系数
总	所有元素	10	0.631
分	事故发生地点	4	0.495
	事故发生时间	4	0.642
	事故矿井建井时间	4	0.545
	事故矿井井田面积	4	0.625
	事故矿井瓦斯等级	3	0.575
	事故案例损失类型	15	0.894
	事故矿井生产能力	4	0.723
	事故发生具体地点	8	0.864
	事故矿井所有制性质	4	0.569

5.5.3   效度检验

效度检验是指用度量的方法测出所需测量事物的准确程度,即准确性或正确性。

测验或量表所能正确测量的特质程度,一般就是效度。效度具有目标导向,每种测验或量表均具有特殊目的与功能,因而我们说一份测验或量表的效度高指的是其特殊的用途,而非一般的推论,因而此份测验或量表不能适用于所有不同的群体或所有的社会科学领域。一份高效度的量表有其适用的特定群体及特殊的目的存在。对效度的分类包括三种:内容效度(content validity)、效标关联效度(criterion-related validity)和结构效度(construct validity)。内容效度也称逻辑效度或表面效度,反映了测量工具本身内容范围与广度的适切程度。效标关联效度又称实证效度或统计效度,是以测验分数和特定标准之间的相关系数表示测量工具有效性的高低。结构效度用于考察测验能够测量到理论上的结构或特质的程度。

5.5.3.1　内容效度

本调查问卷的项目的选编和筛选首先经过大量事故案例统计和反复研究讨论作出初选。再请一些专家、老师进行评审,提出修改意见,对项目进行必要的增删和修改,删除内容模糊、相关性差的项目,对某些可能引起歧义或者误解的用词进行修改。最后确定所有项目都能准确表达所要求的内容,以此保证调查问卷具有一定的内容效度。

5.5.3.2　结构效度

这里采用因子分析的方法检验调查问卷的结构效度。

因子分析(factor analysis,也称因素分析)就是用最少的因子概括和解释大量的观测事实,建立一个最简洁的、基本的概念系统,以揭示事物之间、各种复杂现象背后本质联系的一种统计分析方法。因子分析法是两种分析形式的统一体,即探索性因子分析和验证性因子分析。在探索性因子分析中,观测变量与潜在变量之间的关系以及潜在变量的个数都不是事先确定的;但是在验证性因子分析中,潜在变量的个数、观测变量与潜在变量之间的关系是事先假定的。

统计学家 Kaiser 曾经给出一个 KMO 统计量的标准,见表 5-8。KMO 统计量用于比较变量之间简单相关和偏相关系数的大小。如果 KMO 值越接近于 1,则所有变量之间的简单相关系数的平方和大于偏相关系数的平方和,因此,越适合做因子分析;反之,如果 KMO 值越小,即越接近于 0,则表示不适合做因子分析。一般认为,当 KMO 值小于 0.7 时,较不宜进行因子分析。煤矿事故案例选择调查问卷的 KMO 值为 0.701,适合进行因子分析。

表 5-8　KMO 统计量的标准

KMO 值	是否适合做因子分析
KMO>0.9	非常适合
0.8<KMO<0.9	很适合
0.7<KMO<0.8	适合
0.6<KMO<0.7	不太适合
KMO<0.5	不适合

由表 5-9 可知,KMO 度量值为 0.701,大于 0.7,说明煤矿事故案例选择调查问卷的量表数据非常适合进行因子分析;Bartlett 球形检验近似卡方值为 4 601.317,自由度为 1 770,p 值为 0.000,小于 0.01,通过了显著水平为 1% 的显著性检验,由此可知煤矿事故案例选择调查问卷的量表数据非常适合进行因子分析。

表 5-9　KMO 和 Bartlett 球形检验

取样足够的 KMO 度量		0.701
Bartlett 球形检验	近似 χ^2	4 601.317
	df	1 770
	Sig.	0.000

表 5-10 为采用主成分分析法抽取主成分的结果,转轴方法为直交转轴的最大变异法。在该整体解释变异量的报表中分为三大部分:初始特征值(initial eigenvalues)(初步抽取共同因素的结果)、平方和负荷量萃取(extraction sums of squared loadings)(转轴前的特征值、解释变异量及累积解释变异量,此部分只保留特征值大于 1 的因素)、转轴平方和负荷量(rotation sums of squared loadings)(转轴后的特征值,解释变异量及累积解释变异量)。由于 SPSS 18.0 内设值是以特征值大于 1 以上作为主成分保留的标准,表中特征值大于 1 的因素共有 17 个,这也是因子分析时所抽出的共同因素个数。表中 17 个共同因素共可解释 75.206% 的变异量。

表 5-10　解释的总方差

成分	初始特征值			平方和负荷量萃取			转轴平方和负荷量		
	合计	方差的/%	累积/%	合计	方差的/%	累积/%	合计	方差的/%	累积/%
1	11.784	19.640	19.640	11.784	19.640	19.640	5.775	9.625	9.625
2	4.892	8.154	27.794	4.892	8.154	27.794	4.408	7.346	16.970
3	4.117	6.861	34.655	4.117	6.861	34.655	3.979	6.632	23.602
4	3.446	5.743	40.399	3.446	5.743	40.399	3.365	5.608	29.211
5	2.637	4.395	44.794	2.637	4.395	44.794	2.977	4.962	34.173
6	2.180	3.633	48.427	2.180	3.633	48.427	2.888	4.813	38.986
7	2.045	3.408	51.835	2.045	3.408	51.835	2.640	4.401	43.387
8	1.870	3.117	54.952	1.870	3.117	54.952	2.389	3.981	47.368
9	1.728	2.880	57.832	1.728	2.880	57.832	2.184	3.640	51.008
10	1.687	2.812	60.644	1.687	2.812	60.644	2.150	3.583	54.591
11	1.462	2.437	63.080	1.462	2.437	63.080	2.127	3.546	58.136
12	1.395	2.325	65.406	1.395	2.325	65.406	2.005	3.342	61.479
13	1.347	2.246	67.651	1.347	2.246	67.651	1.817	3.028	64.507
14	1.226	2.044	69.695	1.226	2.044	69.695	1.706	2.843	67.351
15	1.139	1.899	71.594	1.139	1.899	71.594	1.701	2.835	70.185
16	1.100	1.834	73.428	1.100	1.834	73.428	1.580	2.633	72.819
17	1.066	1.777	75.206	1.066	1.777	75.206	1.432	2.387	75.206
18	0.951	1.584	76.790						
19	0.878	1.463	78.253						
20	0.832	1.387	79.640						
21	0.774	1.290	80.930						
22	0.736	1.226	82.156						
23	0.709	1.182	83.338						
24	0.678	1.130	84.468						
25	0.618	1.029	85.498						
26	0.611	1.019	86.517						
27	0.576	0.959	87.476						
28	0.535	0.892	88.368						

表 5-10 (续)

成分	初始特征值			平方和负荷量萃取			转轴平方和负荷量		
	合计	方差的 /%	累积 /%	合计	方差的 /%	累积 /%	合计	方差的 /%	累积 /%
29	0.501	0.835	89.203						
30	0.494	0.823	90.026						
31	0.461	0.768	90.795						
32	0.433	0.722	91.517						
33	0.391	0.652	92.168						
34	0.381	0.634	92.803						
35	0.357	0.594	93.397						
36	0.327	0.545	93.942						
37	0.323	0.539	94.480						
38	0.278	0.463	94.943						
39	0.253	0.421	95.364						
40	0.238	0.396	95.761						
41	0.233	0.388	96.149						
42	0.229	0.381	96.530						
43	0.225	0.375	96.905						
44	0.201	0.335	97.239						
45	0.187	0.312	97.551						
46	0.172	0.287	97.838						
47	0.152	0.253	98.091						
48	0.140	0.234	98.325						
49	0.133	0.222	98.547						
50	0.128	0.214	98.760						
51	0.115	0.192	98.952						
52	0.101	0.169	99.121						
53	0.091	0.152	99.273						
54	0.089	0.149	99.422						
55	0.080	0.133	99.555						
56	0.075	0.124	99.679						

表 5-10(续)

成分	初始特征值			平方和负荷量萃取			转轴平方和负荷量		
	合计	方差的/%	累积/%	合计	方差的/%	累积/%	合计	方差的/%	累积/%
57	0.072	0.120	99.798						
58	0.052	0.087	99.885						
59	0.040	0.066	99.951						
60	0.029	0.049	100.000						

碎石图主要是显示降序的与分量或因子关联的特征值以及分量或因子的数量,用于主分量分析和因子分析中,以直观地评估哪些分量或因子占数据中变异性的大部分。如图 5-5 所示。

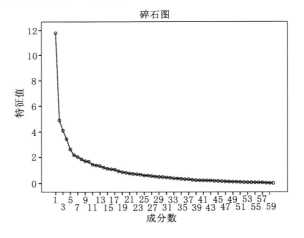

图 5-5　煤矿事故案例选择问卷碎石图

从碎石图可以看出,特征值达到 17 以后,就几乎不存在太大变化,而曲线向右逐渐趋于平缓,因此,在提取最少因子数的原则下,这里提取了 17 个因子。利用因子分析将 60 个题项归结为 17 个因子,这 17 个因子共解释了 75.206% 的变异量。

再根据旋转成分矩阵,对 17 个共同因子重新命名,得到煤矿事故案例选择调查问卷因子分析表,如表 5-11 所列。

表 5-11　煤矿事故案例选择调查问卷因子分析表

因子命名	题项	不同因子负荷量	题项设计
事故损失	9.4	0.838	对煤矿职工培训效果最好的事故案例重伤人数是 10 人以下
	9.3	0.799	对煤矿职工培训效果最好的事故案例重伤人数是 10～49 人
	8.4	0.773	对煤矿职工培训效果最好的事故案例死亡人数是 3 人以下
	8.3	0.769	对煤矿职工培训效果最好的事故案例死亡人数是 3～9 人
	10.4	0.743	对煤矿职工培训效果最好的事故案例直接经济损失是 1 000 万元以下
	10.3	0.653	对煤矿职工培训效果最好的事故案例直接经济损失是 1 000 万～5 000 万元
	8.2	0.539	对煤矿职工培训效果最好的事故案例死亡人数是 10～29 人
	7.3	0.499	对煤矿职工培训效果最好的事故案例损失类型是直接经济损失
事故井下发生地点	12.5	0.847	对煤矿职工培训效果最好的事故案例发生具体地点是车场
	12.4	0.821	对煤矿职工培训效果最好的事故案例发生具体地点是平巷
	12.3	0.747	对煤矿职工培训效果最好的事故案例发生具体地点是顺槽
	12.6	0.625	对煤矿职工培训效果最好的事故案例发生具体地点是石门
	12.8	0.555	对煤矿职工培训效果最好的事故案例发生具体地点是井筒
大型国有矿井严重经济损失	11.1	0.776	对煤矿职工培训效果最好的事故案例发生矿井生产能力是 3.0 Mt 及其以上的超大型矿井
	13.1	0.699	对煤矿职工培训效果最好的事故案例发生矿井所有制性质是国有重点煤矿
	11.2	0.682	对煤矿职工培训效果最好的事故案例发生矿井生产能力是 1.2 Mt 及其以上到 3.0 Mt 的大型矿井
	10.1	0.626	对煤矿职工培训效果最好的事故案例直接经济损失是 1 亿元以上
	10.2	0.591	对煤矿职工培训效果最好的事故案例直接经济损失是 5 000 万～1 亿元
事故案例发生时间和建井时间	3.3	0.827	对煤矿职工培训效果最好的事故案例发生时间是近 10～20 年
	3.4	0.791	对煤矿职工培训效果最好的事故案例发生时间是 20 年以上
	4.4	0.677	对煤矿职工培训效果最好的事故案例发生矿井建井时间是 20 年以上
	3.2	0.643	对煤矿职工培训效果最好的事故案例发生时间是近 5～10 年
	4.3	0.551	对煤矿职工培训效果最好的事故案例发生矿井建井时间是 10～20 年

表 5-11(续)

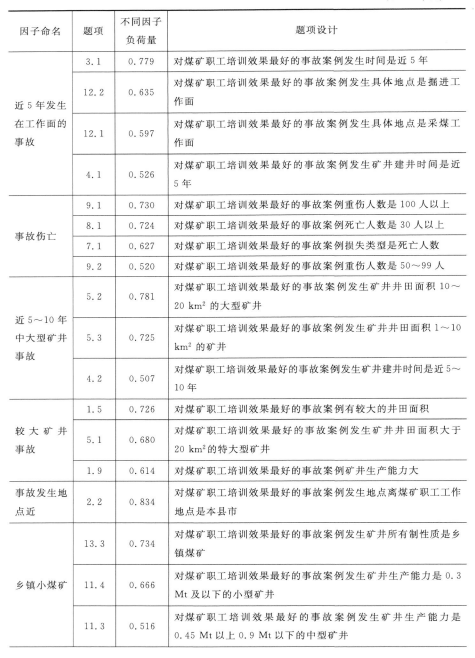

因子命名	题项	不同因子负荷量	题项设计
近 5 年发生在工作面的事故	3.1	0.779	对煤矿职工培训效果最好的事故案例发生时间是近 5 年
	12.2	0.635	对煤矿职工培训效果最好的事故案例发生具体地点是掘进工作面
	12.1	0.597	对煤矿职工培训效果最好的事故案例发生具体地点是采煤工作面
	4.1	0.526	对煤矿职工培训效果最好的事故案例发生矿井建井时间是近 5 年
事故伤亡	9.1	0.730	对煤矿职工培训效果最好的事故案例重伤人数是 100 人以上
	8.1	0.724	对煤矿职工培训效果最好的事故案例死亡人数是 30 人以上
	7.1	0.627	对煤矿职工培训效果最好的事故案例损失类型是死亡人数
	9.2	0.520	对煤矿职工培训效果最好的事故案例重伤人数是 50～99 人
近 5～10 年中大型矿井事故	5.2	0.781	对煤矿职工培训效果最好的事故案例发生矿井井田面积 10～20 km² 的大型矿井
	5.3	0.725	对煤矿职工培训效果最好的事故案例发生矿井井田面积 1～10 km² 的矿井
	4.2	0.507	对煤矿职工培训效果最好的事故案例发生矿井建井时间是近 5～10 年
较大矿井事故	1.5	0.726	对煤矿职工培训效果最好的事故案例有较大的井田面积
	5.1	0.680	对煤矿职工培训效果最好的事故案例发生矿井井田面积大于 20 km² 的特大型矿井
	1.9	0.614	对煤矿职工培训效果最好的事故案例矿井生产能力大
事故发生地点近	2.2	0.834	对煤矿职工培训效果最好的事故案例发生地点离煤矿职工工作地点是本县市
乡镇小煤矿	13.3	0.734	对煤矿职工培训效果最好的事故案例发生矿井所有制性质是乡镇煤矿
	11.4	0.666	对煤矿职工培训效果最好的事故案例发生矿井生产能力是 0.3 Mt 及以下的小型矿井
	11.3	0.516	对煤矿职工培训效果最好的事故案例发生矿井生产能力 0.45 Mt 以上 0.9 Mt 以下的中型矿井

表 5-11（续）

因子命名	题项	不同因子负荷量	题项设计
瓦斯等级	1.6	0.762	对煤矿职工培训效果最好的事故案例瓦斯等级高
	6.1	0.718	对煤矿职工培训效果最好的事故案例发生矿井瓦斯等级为高瓦斯矿井
	6.3	0.626	对煤矿职工培训效果最好的事故案例发生矿井瓦斯等级为煤与瓦斯突出矿井
事故发生地点	1.2	0.691	对煤矿职工培训效果最好的事故案例发生地点离煤矿职工工作地点近些
	1.3	0.627	对煤矿职工培训效果最好的事故案例发生时间离现在近些
事故发生地点远	2.4	0.738	对煤矿职工培训效果最好的事故案例发生地点离煤矿职工工作地点是别的省份、自治区、直辖市
	2.3	0.507	对煤矿职工培训效果最好的事故案例发生地点离煤矿职工工作地点是同一省、自治区、直辖市
事故案例有代表性	1.10	0.762	对煤矿职工培训效果最好的事故案例所有制性质具有代表性
	1.8	0.545	对煤矿职工培训效果最好的事故案例发生具体地点要具有代表性
小煤矿	5.4	0.770	对煤矿职工培训效果最好的事故案例发生矿井井田面积小于 1 km² 的小煤矿
不安全动作	1.1	0.733	对煤矿职工培训效果最好的事故案例不安全动作较多
事故各类损失严重	1.7	0.842	对煤矿职工培训效果最好的事故案例造成严重损失的

表 5-12 中剔除了因子负荷量小于 0.5 的题项，剔除题项见表 5-12。

表 5-12　煤矿事故案例选择调查问卷因子分析删除表

题项	不同因子负荷量	题项设计
12.7	0.436	对煤矿职工培训效果最好的事故案例发生具体地点是采空区
13.2	0.487	对煤矿职工培训效果最好的事故案例发生矿井所有制性质是国有地方煤矿
6.2	0.436	对煤矿职工培训效果最好的事故案例发生矿井瓦斯等级为低瓦斯矿井

表 5-12(续)

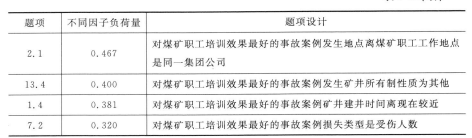

题项	不同因子负荷量	题项设计
2.1	0.467	对煤矿职工培训效果最好的事故案例发生地点离煤矿职工工作地点是同一集团公司
13.4	0.400	对煤矿职工培训效果最好的事故案例发生矿井所有制性质为其他
1.4	0.381	对煤矿职工培训效果最好的事故案例矿井建井时间离现在较近
7.2	0.320	对煤矿职工培训效果最好的事故案例损失类型是受伤人数

根据 SPSS 18.0 对样本的统计运算,本调查问卷的结构效度检验中的公共因子累计贡献率达到 75.206%,各问卷题项在其所属公共因子上具有较高的负荷量。从以上的分析可以推断,调查问卷的结构效度达到了基本的设计要求。

5.6 事故案例选择方法的确定

本节对煤矿培训中的事故案例选择调查问卷中题项的满意度进行详细分析,旨在找到一种合适的方法用于选择培训效果好的事故案例。

5.6.1 事故案例选择影响因素的横向比较分析

本章 5.1 节提出事故案例选择影响元素共有 10 项,是通过事故分析总结得出的,下面将在调查问卷中验证这 10 项影响元素是否具有广泛的赞同性。同时也将通过认同度来比较各影响元素在选择事故案例时的比重高低。

将调查问卷的内容输入 SPSS 18.0 软件中,通过对事故案例选择影响元素认同度的分析(见表 5-13),得到煤矿职工在学习事故案例时最关注的元素依次是:不安全动作、事故损失、事故井下发生具体地点、矿井地点、发生时间、瓦斯等级、所有制、建井时间、生产能力、井田面积。其中 83% 和 81.4% 的职工认为事故案例中的不安全动作多及事故损失大对培训效果好,这与职工对安全越来越重视以及损失大的事故对人的警醒比较大是相符合的。与其他几项相比,调查问卷的结果显示:建井时间短(39.0%)、生产能力大(35.6%)、井田面积大(32.2%)及所有制性质(49.1%)这四项影响元素的认同(分值

4&5)的比例都低于50%,说明超过半数的职工认为这四项影响元素不该作为选择事故案例的指标性元素或者不知道该不该作为指标性元素;而且这四项影响元素都是矿井的基本概况,与事故本身的发生并没有直接的关系。因此,剔除这四项影响元素,得到最终的事故案例选择影响元素并重新标号,如表 5-14 所示。

表 5-13　事故案例选择影响因素统计结果

项目	不安全动作	矿井地点	发生时间	建井时间	井田面积	瓦斯等级	事故损失	具体地点	生产能力	所有制
总数	118	118	118	118	118	118	118	118	118	118
均值	4.161 0	3.923 7	3.830 5	3.339 0	3.135 6	3.542 4	4.415 3	4.135 6	3.178 0	3.500 0
非常认同(分值 5)的比例	39.8%	28.0%	20.3%	11.0%	7.6%	13.6%	37.3%	37.3%	5.9%	16.9%
认同(分值 4&5)的比例	83.0%	71.2%	67.8%	39.0%	32.2%	51.7%	81.4%	78.8%	35.6%	49.1%

表 5-14　煤矿事故案例选择影响元素统计表

序号	元素编号	元素内容
1	A	不安全动作
2	B	矿井地点
3	C	发生时间
4	D	瓦斯等级
5	E	事故损失
6	F	具体地点

5.6.2　事故案例选择影响因素的纵向比较分析

5.6.2.1　不安全动作对事故案例选择作用的分析

经过对事故案例的统计调查,一起事故案例中直接导致事故发生的不安全动作往往不止一个,同一个不安全动作也会出现在不同的事故案例中。事故案例中的不安全动作数量越多对煤矿职工学习事故案例的价值也就越大,不安全动作越多,其中蕴含的安全知识也越多。因此在选择事故案例的时候应尽量选择不安全动作多的事故。

5.6.2.2 事故损失对事故案例选择作用的分析

通过分析被调查者对事故案例损失类型的重视情况(见表 5-15),可以看出,96.6%的被调查者认为事故损失中的死亡人数是最重要的,77.2%和57.6%的被调查者分别认同受伤人数和直接经济损失比较重要。

表 5-15 各种事故损失类型统计结果

项目	死亡人数	受伤人数	直接经济损失
总数	118	118	118
均值	4.711 9	4.042 4	3.720 3
非常认同(分值5)的比例	74.6%	29.7%	20.3%
认同(分值4&5)的比例	96.6%	77.2%	57.6%

通过分析不同事故损失类型下选择事故案例的重视程度的均值(表5-16)发现,事故死亡人数高于或等于 30 人、受伤人数 100 人及以上以及直接经济损失 1 亿元以上的事故案例受到被调查者的重视程度比较高。

表 5-16 不同事故损失类型下选择重视度的均值

事故损失	细则	均值	认同(分值4&5)的比例
死亡人数	30 人及以上	4.652 5	96.8%
	10~29 人(包括 10 人)	4.262 7	91.5%
	3~9 人(包括 3 人)	3.915 3	72.0%
	3 人以下	3.525 4	52.6%
受伤人数	100 人及以上	4.635 6	94.0%
	50~99 人(包括 50 人)	4.322 0	94.0%
	10~49 人(包括 10 人)	4.042 4	78.0%
	10 人以下	3.635 6	61.1%
经济损失	1 亿元以上	4.440 7	86.4%
	5 000 万~1 亿元	4.152 5	84.8%
	1 000 万~5 000 万元	3.847 5	66.1%
	1 000 万元以下	3.432 2	46.6%

为了说明上述结论,通过单样本 t 检验来检验不同事故损失类型下选择事故案例获得的认同均值是否显著高于常数 4.5(较为认同)。结果表明(见表 5-17):死亡 30 人及以上、重伤 100 人及以上和直接经济损失 1 亿元以上的双边 p 值较大,单边 p 值也大于显著水平 0.05,不拒绝原假设,即认为死亡 30 人及以上、重伤 100 人及以上和直接经济损失 1 亿元以上获得的认同均值与 4.5(较为认同)没有显著差异。也就是说,被调查者认为事故损失中的死亡 30 人及以上、重伤 100 人及以上和直接经济损失 1 亿元以上的事故案例对其影响比较大。

表 5-17　不同事故损失类型的单样本 t 检验

损失类型	检验值=4.5					
	t	df	Sig.（双侧）	均值差值	差分的 95% 置信区间	
					下限	上限
死亡 30 人及以上	3.040	117	0.003	0.152 54	0.053 2	0.251 9
死亡 10~29 人	−4.073	117	0.000	−0.237 29	−0.352 7	−0.121 9
死亡 3~9 人	−8.646	117	0.000	−0.584 75	−0.718 7	−0.450 8
死亡 3 人以下	−12.247	117	0.000	−0.974 58	−1.132 2	−0.817 0
重伤 100 人及以上	2.366	117	0.020	0.135 59	0.022 1	0.249 1
重伤 50~99 人	−3.026	117	0.003	−0.177 97	−0.294 5	−0.061 5
重伤 10~49 人	−6.218	117	0.000	−0.457 63	−0.603 4	−0.311 9
重伤 10 人以下	−10.513	117	0.000	−0.864 41	−1.027 2	−0.701 6
直接经济损失 1 亿元以上	−.839	117	0.403	−0.059 32	−0.199 4	0.080 8
直接经济损失 5 000 万~1 亿元	−5.133	117	0.000	−0.347 46	−0.481 5	−0.213 4
直接经济损失 1 000 万~5 000 万元	−9.349	117	0.000	−0.652 54	−0.790 8	−0.514 3
直接经济损失 1 000 万元以下	−13.612	117	0.000	−1.067 80	−1.223 2	−0.912 4

5.6.2.3　井下发生事故的具体地点对事故案例选择作用的分析

通过对事故地点作为事故案例选择标准的意愿统计分析(表 5-18),采煤工作面、掘进工作面、采空区发生的事故认同度最高,分别为 95.0%、94.0%

和 76.3%,说明这三个地点发生的事故大部分被调查者认为是多发的且具有代表性的,对煤矿职工培训教育有意义。另外,在对其他被认为对培训教育有意义的事故地点的调查中,被调查者们提到最多的是回风巷,提到 3 次,其他较为认同的是回风隅角、人员活动较为频繁的如工业广场、罐笼、提升设备、入井口等。这些对事故案例培训工作也起到了重要的借鉴作用。

表 5-18　事故地点作为选择标准意愿统计结果

项目	采煤工作面	掘进工作面	顺槽	平巷	车场	石门	采空区	井筒
总数	118	118	118	118	118	118	118	118
均值	4.567 8	4.516 9	3.915 3	3.669 5	3.678 0	3.788 1	4.033 9	3.796 6
标准差	0.591 7	0.663 2	0.734 7	0.827 5	0.783 2	0.737 9	0.805 2	0.779 7
非常认同(分值 5)的比例	61.9%	59.3%	21.2%	15.3%	12.7%	16.1%	30.5%	16.9%
认同(分值 4&5)的比例	95.0%	94.0%	72.0%	58.5%	61.0%	65.3%	76.3%	66.9%

5.6.2.4　事故矿井地点对事故案例选择作用的分析

通过对事故矿井地点作为事故案例选择标准的意愿统计分析(见表 5-19),在同一集团公司和本市县的事故案例得到了 94% 和 72.8% 的认同。从图 5-6 中可以看出,距离被调查者地点越近的事故案例认同度越高,距离越远认同度越低,这是因为地域相同或相似的矿井地点在地质条件和自然环境方面有更多的相似性,同一集团公司的煤矿在管理手段等方面也有很多相似性,这样对培训工作有更多的借鉴作用。

表 5-19　事故矿井地点作为选择标准意愿统计结果

项目	同一个集团公司	本市县	同一个省、自治区或直辖市	附近省、自治区或直辖市
总数	118	118	118	118
均值	4.457 6	3.855 9	3.525 4	3.050 8
非常认同(分值 5)的比例	54.2%	16.9%	8.5%	4.2%
认同(分值 4&5)的比例	94.0%	72.8%	50.0%	23.7%

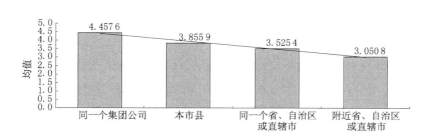

图 5-6　矿井地点作为选择标准均值图

5.6.2.5　事故发生时间对事故案例选择作用的分析

通过分析发现(见表 5-20),92.4％的被调查者认同选择近 5 年的事故案例,67.0％的被调查者认同选择近 5～10 年的事故案例,这说明对事故的发生时间选择是越近越好。

5.6.2.6　瓦斯等级对事故案例选择作用的分析

通过分析发现(见表 5-21),79.7％的被调查组认同选择高瓦斯矿井的事故案例。

表 5-20　事故发生时间作为选择标准意愿统计结果

项目	近 5 年	近 5～10 年	近 10～20 年	20 年以上
总数	118	118	118	118
均值	4.576 3	3.652 5	3.042 4	2.508 5
标准差	0.709 0	0.590 2	0.658 9	0.884 3
非常认同(分值 5)的比例	67.8％	1.7％	1.7％	1.7％
认同(分值 4&5)的比例	92.4％	67.0％	51.6％	10.2％

表 5-21　瓦斯等级作为选择标准意愿统计结果

项目	高瓦斯矿井	低瓦斯矿井	煤与瓦斯突出矿井
总数	118	118	118
均值	4.093 2	3.788 1	3.915 3
标准差	0.727 8	0.855 9	0.863 1
非常认同(分值 5)的比例	30.5％	20.3％	27.1％
认同(分值 4&5)的比例	79.7％	65.2％	69.5％

5.6.3 事故案例选择影响因素的权重计算

前文通过各个影响因素标准赋值的方法确定了每个影响因素纵向的排序情况,下面再对各个影响因素之间的影响大小进行横向排序,采用的是层次分析法确定权重,这样事故案例中各标准的得分再乘以其所在影响因素的权重,就得到了一个总分,然后就可以按照这个量化的得分高低从备选事故案例中挑选出合适的事故案例。

层次分析法作为一种定性与定量分析方法相结合的综合评价方法,在安全和环境研究的多个领域得到广泛应用[97]。

5.6.3.1 建立递阶层次结构(见图 5-7)

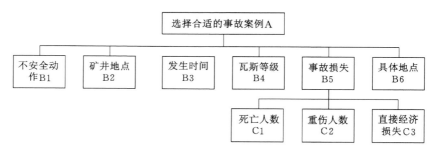

图 5-7 递阶层次结构图

5.6.3.2 构造判断矩阵并赋值

(1)本案例的两个元素重要性的比较是按照表 5-13 中认同(分值 4&5)的大小来比较的,比如 B1:B2=83%:71.2% 表明 B1 比 B2 重要 83/71.2,依此类推。见表 5-22。

表 5-22 判断矩阵 A

A	B1	B2	B3	B4	B5	B6
B1	1	83/71.2	83/67.8	83/51.7	83/81.4	83/78.8
B2	71.2/83	1	71.2/67.8	71.2/51.7	71.2/81.4	71.2/78.8
B3	67.8/83	67.8/71.2	1	67.8/51.7	67.8/81.4	67.8/78.8
B4	51.7/83	51.7/71.2	51.7/67.8	1	51.7/81.4	51.7/78.8
B5	81.4/83	81.4/71.2	81.4/67.8	81.4/51.7	1	81.4/78.8
B6	78.8/83	78.8/71.2	78.8/67.8	78.8/51.7	78.8/81.4	1

（2）构造判断矩阵 B5（见表 5-23）。

表 5-23　判断矩阵 B5

B5	C1	C2	C3
C1	1	96.6/77.2	96.6/57.6
C2	77.2/96.6	1	77.2/57.6
C3	57.6/96.6	57.6/77.2	1

5.6.3.3　层次单排序（计算权向量）

（1）将矩阵 A 的列向量相加得到权向量。

$$W_A = (15.763\ 5 \quad 13.550\ 3 \quad 12.903\ 3 \quad 9.839\ 2 \quad 15.491\ 5 \quad 14.996\ 7)^T$$

解得：$AW_A = n'_A W_A, n'_A = 6.020\ 0$

（2）将矩阵 B5 的列向量相加得到权向量。

$$W_{B5} = (3.928\ 4 \quad 3.139\ 4 \quad 2.342\ 4)^T$$

解得：$B_5 W_{B5} = n'_{B5} W_{B5}, n'_{B5} = 3.00$

5.6.3.4　一致性检验

$CI = \dfrac{n' - n}{n - 1}$ 定义为一致性指标。当 $CI = 0$ 时，成对比较矩阵 A 完全一致；

当 $CR = \dfrac{CI}{RI} < 0.1$ 时，认为不一致性可以被接受，不会影响排序的定性结果，其中 RI 的值如表 5-24 所示。

表 5-24　平均随机一致性指标 *RI* 表

n	1	2	3	4	5	6	7	8	9	10
RI	0	0	0.52	0.89	1.12	1.26	1.36	1.41	1.46	1.49

计算得到 $CR_A = 0.001\ 5 < 0.1$，认为判断矩阵 A 的整体一致性可以接受；$CR_{B5} = 0$，认为判断矩阵 B5 的整体一致性可以接受。

5.6.3.5　写出各标准的权重

对各标准的权向量进行归一得到标准权重，见表 5-25。

表 5-25　标准权重表

标准（影响因素）	不安全动作	矿井地点	发生时间	瓦斯等级	事故损失			事故地点
					死亡人数	重伤人数	直接经济损失	
权重	0.191 0	0.164 2	0.156 3	0.119 2	0.075 8	0.060 6	0.045 3	0.181 7

　　调查问卷中对每个事故案例选择的影响因素都进行了细化，每个影响因素中都有 4 或 5 个标准，每个标准对这个影响因素的重要性不一样，也对整个选择方法的重要性不同。本书根据调查问卷 118 位测评者对每个标准的认同度的不同，以认同（分值 4&5）的比例为主要指标，在认同度相同的情况下辅以均值为指标，采用 4 分为满分的赋值方法，对认同度（均值）最高的赋 4 分，最低的赋 1 分，得到了每个影响因素中标准权重赋值表。见表 5-26。

表 5-26　标准权重赋值表

标准（影响因素）		权重	赋值				得分
			4	3	2	1	
不安全动作		0.191 0	动作≥4 个	3 个动作	2 个动作	1 个动作	
事故损失	死亡人数	0.075 8	30 人及以上	10～29 人	3～9 人	3 人以下	
	重伤人数	0.060 6	100 人及以上	50～99 人	10～49 人	10 人以下	
	直接经济损失	0.045 3	1 亿元以上	5 000 万～1 亿元	1 000 万～5 000 万元	1 000 万元以下	
事故地点		0.181 7	采煤工作面	掘进工作面	采空区	其他	
矿井地点		0.164 2	同一个集团公司	本市县	同一个省份	附近省份	
发生时间		0.156 3	近 5 年	近 5～10 年	近 10～20 年	20 年以上	
瓦斯等级		0.119 2	高瓦斯及煤与瓦斯突出矿井	高瓦斯矿井	煤与瓦斯突出矿井	低瓦斯矿井	
合计		1					

5.7 实例分析

本节结合前文的计算写出选择步骤,并对第 3 章表 3-6 中列出的爆破工 28 种不安全动作所对应的 143 起瓦斯爆炸事故进行一一选择,选择出最佳的事故案例用于煤矿的事故案例培训教育。

5.7.1 事故案例选择步骤

(1)对于每一种不安全动作,都有若干个事故案例与之对应,结合表 5-26 事故案例选择标准的赋值,将每一项的值列表,用标准的赋值(没有即赋值 0 分)乘以对应影响因素的权重得到单一影响因素的得分,再相加所有影响因素的得分,得到总分。

(2)比较各备选事故案例的得分,结合培训工作的实际要求,选择得分较高的案例用于培训。

5.7.2 分析事故案例中的不安全动作

在第 3 章中,对 143 起爆破工引起的瓦斯爆炸事故逐一分析其不安全动作,对其进行归纳统一,最后得到 28 种不安全动作(参见表 3-6)。这里统计每一种不安全动作对应的事故案例数,列表见表 3-27。

表 5-27 爆破工 28 种不安全动作统计表

编号	不安全动作	对应案例数
1	没领取合格的发爆器	3
2	用短路的方法检查发爆器	3
3	使用非爆破母线爆破	3
4	不使用安全炸药	6
5	存放爆炸材料位置不当	2
6	距采空区 15 m 前,没有打探眼	6
7	距贯通地点 5 m 内,没有打超前探眼	1
8	没有清理炮眼里的煤粉	1

表 5-27(续)

编号	不安全动作	对应案例数
9	未将炮眼内煤粉掏净	1
10	未将药卷紧密接触	1
11	在有瓦斯和煤尘爆炸危险的爆破地点采用反向爆破	3
12	装药量过多	1
13	没有封炮眼	7
14	放糊炮	8
15	封孔不使用水炮泥	24
16	未填足封泥	27
17	爆破时未掩盖好设备	1
18	多母线爆破	1
19	明火、明电爆破	22
20	发爆器打火放电检测电爆网路	3
21	悬挂母线位置不当	1
22	没有包好爆破母线接头	17
23	爆破前没有检查线路	2
24	未连接好发爆器接线柱和母线	13
25	在一个采煤工作面使用两台发爆器同时进行爆破	1
26	一次装药,多次爆破	7
27	爆破后检查不仔细,使炸药残质复燃	1
28	处理瞎炮方法不当	1

5.7.3 用赋值权重的方法分析143起瓦斯爆炸事故

下面用权重赋值的方法分析这些事故案例。根据表5-26标准权重赋值表填写表5-28的内容,然后加权得到总分,最后将对应一种不安动作的若干个事故案例中得分最高的选择出来列在表5-29中作为对这一种不安全动作的培训案例使用。

表 5-28　针对 28 种不安全动作的事故案例权重赋值表

编号	事故名称	权重/赋值								总分
		不安全动作	死亡人数	重伤人数	直接经济损失	具体地点	矿井地点	发生时间	瓦斯等级	
		0.191 0	0.075 8	0.060 6	0.045 3	0.181 7	0.164 2	0.156 3	0.119 2	1
1	A	1	3	0	0	4	1	2	3	4.979 6
	B	1	3	1	1	0	1	1	0	3.844 8
	C	1	3	1	1	0	1	3	0	4.157 4
2	A	1	2	1	1	1	1	1	3	3.308 3
	B	1	3	1	1	0	1	1	0	3.844 8
	C	1	3	0	1	0	1	2	0	3.940 5
3	A	1	3	3	2	0	1	3	0	4.323 9
	B	1	3	0	1	0	1	1	0	3.784 2
	C	2	3	3	2	1	1	3	3	5.054 2
4	A	1	4	2	1	0	1	1	1	5.100 4
	B	1	4	2	0	0	1	1	1	5.055 1
	C	1	4	1	1	4	1	2	1	5.922 9
	D	2	4	3	2	3	1	3	1	6.255
	E	1	4	2	1	0	1	2	1	5.256 7
	F	1	4	0	1	0	1	3	1	5.291 8
5	A	1	3	1	1	4	1	1	1	4.690 8
	B	1	2	1	0	0	1	1	0	2.723 7
6	A	1	3	0	1	0	1	1	0	3.784 2
	B	1	4	0	1	0	1	1	0	4.860
	C	1	2	1	1	0	1	1	0	2.769
	D	1	4	2	2	4	1	3	3	6.423 5
	E	1	3	0	1	0	1	3	0	4.096 8
	F	1	3	1	1	0	1	2	0	4.001 1
11	A	4	3	2	2	3	1	1	3	5.381 1
	B	1	3	0	1	0	1	1	0	3.784 2
	C	1	1	0	1	0	1	2	0	1.788 9

表 5-28（续）

预防煤矿瓦斯爆炸的行为训练方法研究

编号	事故名称	权重/赋值								总分
		不安全动作	死亡人数	重伤人数	直接经济损失	具体地点	矿井地点	发生时间	瓦斯等级	
		0.191 0	0.075 8	0.060 6	0.045 3	0.181 7	0.164 2	0.156 3	0.119 2	1
13	A	1	4	2	1	0	1	1	0	4.981 2
	B	1	3	1	1	0	1	2	0	4.001 1
	C	1	3	0	0	0	1	2	0	3.895 2
	D	1	4	1	1	0	1	2	0	5.076 9
	E	1	4	0	1	0	1	3	0	5.172 6
	F	1	3	0	1	0	1	3	0	4.096 8
	G	1	3	1	0	0	1	4	0	4.268 4
14	A	1	1	0	0	0	1	1	0	1.587 3
	B	1	3	0	1	0	1	1	0	3.784 2
	C	1	3	1	1	0	1	1	0	3.844 8
	D	1	3	1	1	0	1	2	0	4.001 1
	E	1	3	1	1	0	1	2	0	3.940 5
	F	1	3	2	1	0	1	2	0	4.061 7
	G	1	2	1	0	0	1	3	0	3.036 3
	H	1	4	2	3	4	1	3	3	6.468 8
15	A	2	4	2	2	3	1	3	1	6.194 4
	B	3	1	0	1	3	1	1	3	2.917 3
	C	1	1	2	1	0	1	1	0	1.753 8
	D	1	3	2	0	0	1	1	0	3.860 1
	E	1	1	0	1	0	1	1	0	1.632 6
	F	1	3	1	1	0	1	1	0	3.844 8
	G	1	4	1	1	0	1	1	0	4.920 6
	H	1	3	0	1	0	1	1	0	3.784 2
	I	1	3	0	1	0	1	1	0	3.784 2
	J	1	3	2	1	0	1	1	0	3.905 4
	K	1	3	1	1	0	1	1	0	3.844 8
	L	1	1	1	1	0	1	2	0	1.849 5

表 5-28（续）

编号	事故名称	权重/赋值								总分
		不安全动作	死亡人数	重伤人数	直接经济损失	具体地点	矿井地点	发生时间	瓦斯等级	
		0.191 0	0.075 8	0.060 6	0.045 3	0.181 7	0.164 2	0.156 3	0.119 2	1
15	M	1	3	2	1	0	1	2	0	4.061 7
	N	1	3	2	1	0	1	2	0	4.061 7
	O	1	4	2	1	0	1	2	0	5.137 5
	P	1	3	2	1	0	1	2	0	4.061 7
	Q	1	4	3	0	0	1	2	0	5.152 8
	R	2	4	2	1	3	1	2	1	5.992 8
	S	1	3	2	1	0	1	3	0	4.218
	T	1	4	2	1	3	1	3	1	5.958 1
	U	1	3	2	2	0	1	3	0	4.263 3
	V	1	3	2	1	0	1	3	0	4.218
	W	1	3	2	1	0	1	3	0	4.218
	X	4	4	2	1	3	1	1	1	6.218 5
16	A	3	1	0	1	3	1	1	3	2.917 3
	B	1	3	1	0	0	1	1	0	3.799 5
	C	1	4	2	1	0	1	1	0	4.981 2
	D	1	2	0	1	0	1	1	0	2.663 1
	E	1	3	1	1	0	1	1	0	3.844 8
	F	1	2	1	0	0	1	1	0	2.723 7
	G	1	3	2	1	0	1	1	0	3.905 4
	H	1	0	0	1	0	1	1	0	0.556 8
	I	1	3	1	1	0	1	1	0	3.844 8
	J	1	1	0	1	0	1	1	0	1.632 6
	K	1	3	1	0	0	1	1	0	3.799 5
	L	1	3	1	1	0	1	1	0	3.844 8
	M	1	3	1	1	0	1	1	0	3.844 8
	N	1	3	0	1	0	1	1	0	3.784 2
	O	1	3	1	1	0	1	1	0	3.844 8

表 5-28（续）

预防煤矿瓦斯煤炸的行为训练方法研究

编号	事故名称	权重/赋值								总分
		不安全动作	死亡人数	重伤人数	直接经济损失	具体地点	矿井地点	发生时间	瓦斯等级	
		0.191 0	0.075 8	0.060 6	0.045 3	0.181 7	0.164 2	0.156 3	0.119 2	1
16	P	1	2	0	1	0	1	1	0	2.708 4
	Q	1	1	0	1	0	1	2	0	1.788 9
	R	1	3	0	1	0	1	2	0	3.940 5
	S	1	3	1	1	0	1	2	0	4.001 1
	T	1	4	2	0	0	1	2	0	5.092 2
	U	1	4	1	1	0	1	2	0	5.076 9
	V	1	3	0	1	0	1	2	0	3.940 5
	W	4	3	2	1	3	1	2	3	5.537 4
	X	1	3	0	1	0	1	2	0	3.940 5
	Y	1	3	1	1	0	1	2	0	4.001 1
	Z	1	0	0	0	0	0	3	0	0.824 9
	AA	1	3	1	1	0	1	2	0	4.001 1
19	A	4	4	1	1	3	1	1	1	6.157 9
	B	1	1	0	0	0	1	1	0	1.647 9
	C	1	2	1	1	0	1	1	0	2.769
	D	1	3	1	1	0	1	1	0	3.844 8
	E	1	1	0	1	0	1	1	0	1.632 6
	F	1	4	1	1	0	1	2	0	5.076 9
	G	1	4	0	1	0	1	2	0	5.016 3
	H	1	3	0	1	0	1	2	0	3.940 5
	I	1	3	0	1	0	1	2	0	3.940 5
	J	1	3	1	1	0	1	2	0	4.001 1
	K	1	3	0	0	0	1	2	0	3.895 2
	L	1	3	1	1	0	1	2	0	4.001 1
	M	1	3	0	1	0	1	2	0	3.940 5
	N	1	3	1	1	0	1	2	0	4.001 1
	O	1	3	0	1	0	1	2	0	3.940 5

表 5-28（续）

编号	事故名称	权重/赋值								总分
		不安全动作	死亡人数	重伤人数	直接经济损失	具体地点	矿井地点	发生时间	瓦斯等级	
		0.191 0	0.075 8	0.060 6	0.045 3	0.181 7	0.164 2	0.156 3	0.119 2	1
19	P	1	2	1	1	0	1	2	0	2.925 3
	Q	1	2	1	1	0	1	2	0	2.925 3
	R	2	4	0	1	4	1	2	1	6.053 3
	S	1	2	0	1	0	1	2	0	2.864 7
	T	1	1	0	0	0	1	2	0	1.743 6
	U	1	3	0	1	0	1	3	0	4.096 8
	V	1	4	2	0	0	1	1	0	4.935 9
20	A	1	4	0	1	0	1	1	0	4.86
	B	1	4	1	1	3	1	1	2	5.704 1
	C	1	3	0	1	0	1	1	0	3.784 2
22	A	1	3	0	1	0	1	1	0	3.784 2
	B	1	3	0	0	0	1	1	0	3.738 9
	C	1	3	1	1	0	1	1	0	3.844 8
	D	1	2	0	1	0	1	1	0	2.708 4
	E	1	3	1	1	0	1	1	0	3.844 8
	F	1	4	0	1	0	1	2	0	5.016 3
	G	1	3	0	1	0	1	2	0	3.940 5
	H	1	3	0	1	0	1	2	0	3.940 5
	I	1	3	1	1	0	1	2	0	4.001 1
	J	1	3	1	1	0	1	3	0	4.157 4
	K	1	3	1	1	0	1	3	0	4.157 4
	L	1	1	0	0	0	1	3	0	1.899 9
	M	2	3	1	1	3	1	3	3	5.251 1
	N	1	0	0	1	0	1	3	0	0.869 4
	O	1	0	0	0	0	1	3	0	0.824 1
	P	1	2	1	0	0	1	3	0	3.036 3
	Q	1	3	1	1	0	1	3	0	4.157 4

表 5-28（续）

编号	事故名称	权重/赋值								总分
		不安全动作	死亡人数	重伤人数	直接经济损失	具体地点	矿井地点	发生时间	瓦斯等级	
		0.191 0	0.075 8	0.060 6	0.045 3	0.181 7	0.164 2	0.156 3	0.119 2	1
23	A	1	3	0	0	4	1	1	0	4.465 7
	B	1	2	0	0	0	1	2	0	2.819 4
24	A	1	3	4	0	1	1	1	1	3.981 3
	B	1	3	2	1	0	1	1	0	3.905 4
	C	1	2	1	0	0	1	1	0	2.769
	D	1	2	1	1	0	1	1	0	2.769
	E	1	3	2	1	0	1	1	0	3.905 4
	F	1	3	2	0	0	1	1	0	3.860 1
	G	1	3	1	1	0	1	2	0	4.061 7
	H	1	2	1	1	3	1	1	3	3.671 7
	I	1	2	1	0	0	1	1	0	2.723 7
	J	1	2	1	0	0	1	1	0	2.723 7
	K	1	2	1	1	0	1	1	0	2.769
	L	1	4	2	0	0	1	1	0	4.935 9
	M	1	2	1	1	0	1	1	0	2.769
26	A	4	4	1	1	3	1	1	1	6.157 9
	B	1	2	1	1	0	1	1	0	2.769
	C	1	2	1	0	0	1	1	0	2.708 4
	D	1	3	1	0	0	1	1	0	3.799 5
	E	1	4	2	1	0	1	2	0	5.137 5
	F	4	4	2	1	3	1	2	3	6.613 2
	G	1	3	2	1	0	1	1	0	3.905 4

表 5-29 根据 28 个不安全动作选择事故案例结果表

编号	不安全动作	典型事故案例
1A	没领取合格的发爆器	1999 年 11 月 21 日黑龙江省哈尔滨市方正县松南乡红旗煤矿瓦斯爆炸事故

表 5-29（续）

编号	不安全动作	典型事故案例
2C	用短路的方法检查发爆器	2000 年 9 月 1 日黑龙江省双鸭山矿务局东保卫矿瓦斯爆炸事故
3C	使用非爆破母线爆破	2006 年 2 月 1 日山西省晋城煤业集团寺河煤矿重大瓦斯爆炸事故
21	悬挂母线位置不当	
4D	不使用安全炸药	2005 年 7 月 2 日山西省忻州市宁武县贾家堡煤矿接替井特别重大瓦斯爆炸事故
5A	存放爆炸材料位置不当	1993 年 11 月 11 日河北省邯郸市磁县黄沙乡新建煤矿"11·11"瓦斯煤尘爆炸事故
6D	距采空区 15 m 前，没有打探眼	2004 年 11 月 28 日陕西省铜川矿务局陈家山煤矿瓦斯爆炸事故
7	距贯通地点 5 m 内，没有打超前探眼	1999 年 4 月 4 日辽宁省阜新蒙古族自治县岗学煤矿瓦斯爆炸事故
8	没有清理炮眼里的煤粉	1988 年 5 月 20 日安徽宣城地区新田煤矿瓦斯爆炸事故
9	未将炮眼内煤粉掏净	1985 年 8 月 24 日安徽淮南矿务局新庄孜煤矿瓦斯爆炸事故
10	未将药卷紧密接触	
11A	在有瓦斯和煤尘爆炸危险的爆破地点采用反向爆破	
12	装药量过多	1983 年 3 月 20 日贵州水城矿务局木冲沟煤矿瓦斯煤尘爆炸事故
13E	没有封炮眼	2005 年 3 月 19 日山西省朔州市平鲁区白堂乡细水煤矿特别重大瓦斯爆炸事故
14H	放糊炮	2002 年 4 月 8 日河北省承德县承德暖儿河矿业有限公司特别重大瓦斯爆炸事故
15X	封孔不使用水炮泥	2007 年 1 月 28 日贵州省六盘水市盘县迤勒煤矿
16W	未填足封泥	2003 年 3 月 30 日辽宁省新宾满族自治县孟家沟煤矿重大瓦斯爆炸事故
17	爆破时未掩盖好设备	1995 年 3 月 16 日安徽省宣城地区广德县独山一矿"3·16"瓦斯爆炸事故
18	多母线爆破	1988 年 12 月 30 日山东省枣庄市峰城区曹庄乡煤矿瓦斯煤尘爆炸事故

表 5-29（续）

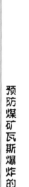

编号	不安全动作	典型事故案例
19A	明火、明电爆破	（同18案例）
20B	发爆器打火放电检测电爆网路	1993年5月8日河南省平顶山矿务局十一矿"5·8"瓦斯爆炸事故
22M	没有包好爆破母线接头	2005年8月8日贵州省六盘水市水城县湾子煤矿
23A	爆破前没有检查线路	1993年12月12日四川省万县市山水煤矿"12·12"瓦斯爆炸事故
24L	未连接好发爆器接线柱和母线	1996年11月17日黑龙江省鸡西市哈铁局交运联营煤矿"11·17"瓦斯爆炸事故
25	在一个采煤工作面使用两台发爆器同时进行爆破	1984年7月9日内蒙古包头矿务局河滩沟煤矿瓦斯爆炸事故
26F	一次装药，多次爆破	2002年7月4日吉林省白山市江源县富强有限公司富强煤矿特大瓦斯煤尘爆炸事故
27	爆破后检查不仔细，使炸药残质复燃	1995年12月31日贵州省盘江矿务局老尾基矿"12·31"瓦斯爆炸事故
28	处理瞎炮方法不当	2002年12月17日黑龙江省鹤岗市兴安区隆安煤矿瓦斯爆炸事故

由表5-30发现，28种不安全动作共选择出24个事故案例用于培训，其中编号3和21选择出的事故案例相同，编号9、10和11选择出的事故案例相同。

5.8　本章小结

本章主要得到6个影响因素作为选择事故案例的因素，并制定了一套量化的赋值权重的选择事故案例的方法。通过对事故案例的分析，得到了10个与事故案例选择相关的影响因素，即不安全动作、事故损失、事故井下发生具体地点、矿井地点、事故发生时间、矿井瓦斯等级、矿井所有制、建井时间、生产能力和井田面积。通过调查问卷的方式，采用Lierkt五点量表法对每一种相关影响因素的重要度做了量化比较，最后筛选出6个认同度高的影响因素作为选择事故案例的因素，即不安全动作、事故损失、事故井下发生具体地点、矿井地点、发生时间、瓦斯等级。再通过层次分析法,确定了各种影响因素的权重,并通过比较影响因素内部标准的认可度(4&5分)的大小,得到了各标准的赋值情况,从而制定了一套量化的赋值权重的选择事故案例的方法,并应用在143起爆破工引起的煤矿瓦斯爆炸事故案例上,选择出24起事故案例分别用于培训爆破工的28种不安全动作。

6 结论与创新点

6.1 主要研究结论

通过本书的研究,得出以下主要研究结论:

(1)统计 1949—2010 年间我国发生的 777 起煤矿瓦斯爆炸事故,得出爆破工引起的瓦斯爆炸频率不仅最高(30.4%),而且因爆破工引起的瓦斯爆炸致死的人数也最多(31.3%),确定爆破工为行为训练的关键工种。

(2)煤矿瓦斯爆炸事故发生的行为原因(个人行为)是由员工(包括管理者)的不安全动作导致的,员工的不安全动作或导致了引爆瓦斯的火花的产生,或导致了瓦斯的积聚。

(3)利用传统统计分析方法、灰色关联技术、文献沉淀方法和根据《煤矿安全规程》等规定 4 种识别方法,识别出了爆破工 28 种不安全动作。截至 2010 年(从 1949 年新中国成立算起),能且易引起瓦斯爆炸事故的爆破工不安全动作按从高到低顺序排列依次是:未填足封泥,明火、明电爆破,封孔不使用水炮泥,放糊炮,没有包好爆破母线接头,没领取合格的发爆器,发爆器打火放电检测电爆网路,存放爆炸材料位置不当,未连接好发爆器接线柱和母线,没有封炮眼,在有瓦斯和煤尘爆炸危险的爆破地点采用反向爆破,一次装药多次爆破,距采空区 15 m 前没有打探眼,不使用安全炸药,未将炮眼内煤粉掏净,未将药卷紧密接触,使用非爆破母线爆破,爆破后检查不仔细使炸药残质复燃,用短路的方法检查发爆器,没有清理炮眼里的煤粉,爆破时未掩盖好设备,多母线爆破,悬挂母线位置不当,处理瞎炮方法不当,在一个采煤工作面使用两台发爆器同时进行爆破,爆破前没有检查线路,距贯通地点 5 m 内没有打超前探眼,装药量过多。

(4)1949—2010 年间,"未填足封泥""明火、明电爆破"和"封孔不使用水炮泥"3 种不安全动作是爆破工不安全动作中的主要类型。

（5）针对三维动画不安全动作演示,进行了三维动画事故案例内容设计和三维动画事故案例标准剧本设计,其中三维动画事故案例内容设计4个方面,即事故发生过程、事故原因分析、事故预防及控制措施和安全常识(注意事项)。结合一例爆破工不安全动作相关事故案例制作出一部三维动画视频。

（6）针对虚拟现实安全动作训练,进行了训练步骤设计、测评方法设计和作业训练过程设计,其中训练步骤设计分为三部分,即摸底测试、培训和考试测试。以爆破工工种为例设计开发出虚拟现实安全动作训练系统。

（7）三维动画不安全动作演示和虚拟现实安全动作训练(通过实例验证)两种方法对于减少瓦斯爆炸事故、消除不安全动作是两种有效的训练方法。

（8）通过对煤矿事故案例的分析,得到10个与事故案例选择相关的影响因素,即不安全动作、事故损失、事故井下发生具体地点、矿井地点、发生时间、瓦斯等级、所有制、建井时间、生产能力和井田面积。通过调查问卷的方式,采用Lierkt五点量表法对每一种相关影响因素的重要度进行量化的比较,最后筛选出6个认同度高的影响因素作为选择事故案例的因素,即不安全动作、事故损失、事故井下发生具体地点、矿井地点、发生时间、瓦斯等级。再通过层次分析法,确定了各种影响因素的权重,并通过比较影响因素内部标准的认可度(4&5分)的大小,得到各标准的赋值情况,从而制定出一套量化的赋值权重的选择事故案例的方法,并应用在143起爆破工引起的瓦斯爆炸事故案例选择上,选出了24起事故案例分别用于培训爆破工纠正28种不安全动作。

6.2　主要创新点

（1）研究过程中,首先识别出瓦斯爆炸事故中的不安全动作以用于员工的行为训练,但是训练的目的在于改善员工的安全知识、安全意识、行为习惯三点事故的间接原因,从而自然地减少事故的直接原因(不安全动作),进而减少事故发生。这种方法与"即时"方法相比,更能够使员工养成安全的行为习惯,也就是能够建立长效的安全生产效果。

（2）利用传统统计分析法、灰色关联技术、文献沉淀方法和根据《煤矿安全规程》等规定4种方法识别出瓦斯爆炸事故中不安全动作,且4种方法识别结果基本上得到了相互支持的效果。这些识别方法对于其他事故类型的不安全动作识别有借鉴意义。

（3）在瓦斯爆炸事故中识别出的不安全动作的运用方式上，将识别出的不安全动作及其他安全知识、安全规定、事故案例等，完全嵌入到关键工种的作业过程，行为和知识的运用有逻辑主线条。

（4）采用调查问卷的方式，得到一套量化的赋值权重的选择事故案例方法，改变以往定性、没有具体指标地选择事故案例的状况。

附　录

附录 1　爆破工不安全动作统计一览

年份	0	1	2	3	4	5	6	7	8	9	10	11	12	13	14	15	16	17	18	19	20	21	22	23	24	25	26	27	28
																													项目
1959	1																												
1961	1																1								1				
1970	1																												
1971	1						1					1																	
1973	1																						1						
1975	2										1						1							1					
1976	1								1								1												
1979	2		1																										
1982	1	1										1					1				2								
1983	7	1							2							2	2									1	1		
1984	5												1	1		2													1
1985	2												1	1	1	2	2												
1986	2																3		1										
1988	4									1						3	1				1				1	1			
1989	12			1		1									1	1	2						1	4	1				
1990	2			1													2				2								
1991	8					1						1				2								1	1	2			

续表

年份	0	1	2	3	4	5	6	7	8	9	10	11	12	13	14	15	16	17	18	19	20	21	22	23	24	25	26	27	28
1992	6																							3	1	1			
1993	8			1			1										1				1	1	1	1					
1994	1				1			1							1										1				
1995	4					1											1	1								1	1		
1996	4											1				2								1					
1997	8											1				2	2				1				4				
1998	6							1			3	1				2	1				1				2				
1999	6				1																1			1	1				
2000	6								1															1	3				
2001	3																			1					3				
2002	4										1					1					1				1				
2003	3											1																	
2004	9								1			1				2	1				3	1			1				
2005	13					2						2	1				2	3				3	1			1				
2006	4	1	1		1				1							1				1									
2007	2																												
2008	3										1						1				1				1				

注：表中第二列 0~28 项目依次为：0—瓦斯爆炸事故数；1—装药量过多；2—没领取合格的发爆器；3—用短路的方法检查发爆器；4—使用非爆破母线爆破；5—不使用安全炸药；6—存放爆破材料位置不当；7—距贯通地点 5 m 内，没有打超前探眼；8—距采空区 15 m 前，没有清理炮眼里的煤粉；9—没有打探眼；10—没有封炮眼；11—放糊炮；12—未将炮眼内煤粉掏净；13—未将药卷紧密接触；14—在有瓦斯和煤尘爆炸危险的爆破地点采用反向爆破；15—封孔不使用水炮泥；16—未填足封泥；17—爆破时未掩盖设备；18—多用电爆网路；19—悬挂母线位置不当；20—没有包好爆破母线接头；21—爆破前没有检查电火放电检测电爆网路；22—发爆器打火放电明电爆网路；23—未连接好发爆器接线柱和母线；24—明火、明电爆破；25—一次装药、多次爆破；26—爆破后检查不仔细，使炸药残质复燃；27—处理瞎炮方法不当；28—在一个采煤工作面同时使用两台发爆器进行爆破。

附录 2　数据无量纲化处理结果

年份	0	1	2	3	4	5	6	7	8	9	10	11	12	13	14	15	16	17	18	19	20	21	22	23	24	25	26	27	28
1959	1	0	0	0	0	0	0	0	0	0	0	0	0	0	0	0	1	0	0	0	0	0	0	0	0	0	0	0	0
1961	1	0	0	0	0	0	0	0	0	0	0	0	0	0	0	0	0	0	0	0	0	0	0	0	1	0	0	0	0
1970	1	0	0	0	0	0	0	0	0	0	0	0	0	0	0	0	0	0	0	0	0	0	0	0	0	0	0	0	0
1971	1	0	0	0	0	0	1	1	0	0	0	1	0	0	0	0	0	0	0	0	0	0	1	0	0	0	0	0	0
1973	1	0	0	0	0	0	0	0	0	0	0.5	0	0	0	0	0	0	0	0	0	0	0	0	0	0	0	0	0	0
1975	1	0	0	0	0	0	0	0	0	0	0	0	0	0	0	0	0	0	0	0	0	0	0	0.5	0	0	0	0	0
1976	1	0	0	0	0	0	0	0	0	0	0	0	0	0	0	0	1	0	0	0	0	0	0	0	0	0	0	0	0
1979	1	0	0	0	0	0	0	0	0.5	0	0	0	0	0	0	0	0.5	0	0	0	0	0	0	0	0	0	0	0	0
1982	1	0	1	0	0	0	0	0	0	0.25	0	0	0	0	0	0	0	0	0	0	0	0	0	0	0	0	0	0	0
1983	1	0.14	0	0	0	0	0	0	0	0	0	0.14	0	0	0	0	0.14	0	0	0	0.29	0	0	0	0	0.14	0.14	0	0
1984	1	0	0	0	0	0	0	0	0	0	0	0	0	0	0	0.4	0.4	0	0	0	0	0	0	0	0	0	0	0	0.2
1985	1	0	0	0	0	0	0	0	0	0	0	0	0.5	0.5	0.5	0	1	0	0	0	0	0	0	0	0	0	0	0	0
1986	1	0	0	0	0	0	0	0	0	0	0	0	0	0	0	0.75	0.75	0	0.25	0	0.5	0	0	0	0.5	0.25	0	0	0
1988	1	0	0	0	0	0	0	0	0	0	0	0	0	0	0	0	0	0	0	0	0	0	0	0	0	0	0	0	0
1989	1	0	0	0.08	0	0.08	0	0	0.17	0	0	0	0	0	0	0	0.08	0	0	0	0.17	0	0.08	0.33	0.08	0	0	0	0
1990	1	0	0	0	0	0	0	0	0	0	0	0	0	0	0.5	0.5	1	0	0	0	0	0	0	0	0	0	0	0	0

项　目

续表

年份	项目																												
	0	1	2	3	4	5	6	7	8	9	10	11	12	13	14	15	16	17	18	19	20	21	22	23	24	25	26	27	28
1991	1	0	0	0	0	0.13	0	0	0	0	0	0	0	0	0	0.25	0.13	0	0	0	0	0	0	0.13	0.13	0.25	0	0	0
1992	1	0	0	0	0	0	0	0	0	0	0	0	0	0	0	0.17	0	0	0	0	0	0	0	0.5	0.17	0.17	0	0	0
1993	1	0	0	0.13	0	0	0.13	0	0	0	0	0	0	0	0.13	0	0.13	0	0	0	0	0.13	0.13	0.13	0	0	0	0	0
1994	1	0	0	0	0	0	0	0	0	0	0	0	0	0	0	0	0	0	0	0	0	0	0	0	1	0	0	0	0
1995	1	0	0	0	0	0	0	0	0	0	0	0	0	0	0	0	0.25	0.25	0	0	0	0	0	0	0	0.25	0.25	0	0
1996	1	0	0	0	0	0.25	0	0	0	0	0	0	0	0	0	0.5	0	0	0	0	0	0	0	0.25	0	0	0	0	0
1997	1	0	0	0	0	0	0	0	0	0	0	0	0	0	0	0.25	0.25	0	0	0	0	0	0	0	0.5	0	0	0	0
1998	1	0	0	0	0	0	0	0	0	0	0.5	0.17	0	0	0	0	0.17	0	0	0	0.17	0	0	0	0	0	0	0	0
1999	1	0	0.17	0	0.17	0	0	0.17	0	0	0	0	0	0	0	0	0.17	0	0	0	0	0	0	0.17	0.17	0	0	0	0
2000	1	0	0	0.17	0	0	0	0	0	0	0	0	0	0	0	0	0	0	0	0	0	0	0	0.17	0.5	0	0	0	0
2001	1	0	0	0	0	0	0	0	0	0	0	0	0	0	0	0	0	0	0	0.25	0	0	0	0	0	0	0	0	0
2002	1	0	0	0	0	0	0	0	0	0	0	0.25	0	0	0	0.25	0	0	0	0	0	0	0	0	0	0.25	0	0.25	0
2003	1	0	0	0	0	0	0	0	0	0	0	0	0	0	0	0	0.33	0	0	0	0.33	0	0	0	0.33	0	0	0	0
2004	1	0	0	0	0	0	0	0	0.11	0	0	0.11	0	0	0	0.22	0.11	0	0	0	0.33	0	0	0	0.11	0	0	0	0
2005	1	0	0	0	0	0	0	0	0	0	0.15	0.08	0	0	0	0.15	0.23	0	0	0	0.23	0.08	0	0	0.08	0	0	0	0
2006	1	0	0.25	0	0.25	0	0	0	0	0	0	0	0	0	0	0	0	0	0	0.25	0.25	0	0	0	0	0	0	0	0
2007	1	0	0	0	0	0	0	0	0	0	0	0	0	0	0	0.5	0	0	0	0	0	0	0	0	0.5	0	0	0	0
2008	1	0	0	0	0	0	0	0	0	0	0.33	0	0	0	0	0	0.33	0	0	0	0.33	0	0	0	0	0	0	0	0

注：表中第二行 0~28 项目依次为：$x_0(t), x_1(t), \cdots, x_{28}(t)$。

附录 3 绝对差值表

年份	1	2	3	4	5	6	7	8	9	10	11	12	13	14	15	16	17	18	19	20	21	22	23	24	25	26	27	28
1959	1	1	1	1	1	1	1	1	1	1	1	1	1	1	1	1	1	1	1	1	1	1	1	1	1	1	1	1
1961	1	0	1	1	1	0	1	1	1	1	1	1	1	1	1	0	1	1	1	1	1	1	1	0	1	1	1	1
1970	1	1	1	1	1	1	1	1	1	1	1	1	1	1	1	1	1	1	1	1	1	1	1	1	1	1	1	1
1971	1	1	1	1	1	1	1	1	1	1	0	1	1	1	1	1	1	1	1	1	1	0	1	1	1	1	1	1
1973	1	1	1	1	1	1	1	1	1	1	1	1	1	1	1	1	1	1	1	1	1	1	1	1	1	1	1	1
1975	1	1	1	1	1	1	1	1	1	0.5	1	1	1	1	1	1	1	1	1	1	1	1	0.5	1	1	1	1	1
1976	1	1	1	1	1	1	1	1	1	1	1	1	1	1	1	0	1	1	1	1	1	1	1	1	1	1	1	1
1979	1	1	1	1	1	1	1	0.5	1	1	1	0.5	0.5	0.5	1	0.5	1	1	1	1	1	1	1	1	1	1	1	1
1982	1	1	1	1	1	1	1	1	1	1	1	1	1	1	1	1	1	1	1	1	1	1	1	1	1	1	1	1
1983	0.86	1	1	1	1	1	1	1	1	1	0.86	1	1	1	1	0.86	1	1	1	0.71	1	1	1	1	0.86	0.86	1	1
1984	1	1	1	1	1	1	1	1	1	1	1	1	1	0.5	0.6	0.6	1	1	1	1	1	1	1	1	1	1	1	0.8
1985	1	1	1	1	1	1	1	1	1	1	1	1	1	1	1	0	1	1	1	1	1	1	1	1	1	1	1	1
1986	1	1	1	1	1	1	1	1	0.75	1	1	1	1	1	0.25	0.25	1	0.75	1	1	1	1	1	0.5	0.75	1	1	1
1988	1	1	1	1	1	1	1	1	1	1	1	1	1	1	1	1	1	1	1	0.5	1	1	1	0.5	0.75	1	1	1
1989	1	1	0.92	1	0.92	1	1	0.83	1	1	1	1	1	1	1	0.92	1	1	1	0.83	1	0.92	0.67	0.92	1	1	1	1
1990	1	1	1	1	1	1	1	1	1	1	1	1	1	0.5	0.5	0	1	1	1	1	1	1	1	1	1	1	1	1

项　目

附　录

续表

年份	项 目																											
---	1	2	3	4	5	6	7	8	9	10	11	12	13	14	15	16	17	18	19	20	21	22	23	24	25	26	27	28
1991	1	1	1	1	0.88	1	1	1	1	1	0.875	1	1	1	0.75	0.88	1	1	1	1	1	1	0.88	0.88	0.75	1	1	1
1992	1	1	1	1	1	1	1	1	1	1	1	1	1	1	0.83	0.88	1	1	1	1	1	1	0.5	0.83	0.83	1	1	1
1993	1	1	0.88	1	1	0.88	1	1	1	1	1	1	1	0.88	1	1	1	1	1	0.88	0.88	0.88	0.88	1	1	1	1	1
1994	1	1	1	1	1	1	1	1	1	1	1	1	1	1	1	1	1	1	1	1	1	1	1	0	1	1	1	1
1995	1	1	1	1	1	1	1	1	1	1	1	1	1	1	1	0.75	0.75	1	1	1	1	1	1	1	0.75	0.75	1	1
1996	1	1	1	1	0.75	1	1	1	1	1	1	1	1	1	0.5	1	1	1	1	1	1	1	0.75	1	1	1	1	1
1997	1	1	1	1	1	1	1	1	1	1	0.88	1	1	1	0.75	0.75	1	1	1	0.88	1	1	1	0.5	1	1	1	1
1998	1	1	1	0.83	0.83	1	1	1	1	0.5	0.83	1	1	1	0.83	0.83	1	1	1	0.83	1	1	1	0.67	1	1	1	1
1999	1	0.83	1	1	1	1	0.83	1	1	1	1	1	1	1	0.83	0.83	1	1	1	1	1	1	0.83	0.83	1	1	1	1
2000	1	1	0.83	1	1	1	1	0.83	1	1	1	1	1	1	1	1	1	1	1	1	1	1	0.83	0.5	1	1	1	1
2001	1	1	1	1	1	1	1	1	1	1	1	1	1	1	1	1	1	1	1	1	1	1	1	0	1	1	1	1
2002	1	1	1	1	1	1	1	1	1	1	0.75	1	1	1	0.75	1	1	1	1	1	1	1	1	1	0.75	1	0.75	1
2003	1	1	1	1	1	1	1	1	1	1	1	1	1	1	1	0.67	1	1	1	0.67	1	1	1	0.67	1	1	1	1
2004	1	1	1	1	1	1	1	0.89	1	1	0.89	1	1	1	0.78	0.89	1	1	1	0.67	1	1	1	0.89	1	1	1	1
2005	1	1	1	1	0.85	1	1	1	1	0.85	0.92	1	1	1	0.85	0.77	1	1	1	0.77	0.92	1	1	0.92	1	1	1	1
2006	1	0.75	1	0.75	1	1	1	0.75	1	1	1	1	1	1	0.5	1	1	1	0.75	0.75	1	1	1	0.5	1	1	1	1
2007	1	1	1	1	1	1	1	1	1	1	1	1	1	1	1	1	1	1	1	1	1	1	1	1	1	1	1	1
2008	1	1	1	1	1	1	1	1	1	0.67	1	1	1	1	0.5	0.67	1	1	1	0.67	1	1	1	1	1	1	1	1

注：表中第二行 1~28 项目依次为：$\triangle_{01}(t)$，$\triangle_{02}(t)$，…，$\triangle_{028}(t)$。

附录 4　关联系数计算结果

项　目

年份	1	2	3	4	5	6	7	8	9	10	11	12	13	14	15	16	17	18	19	20	21	22	23	24	25	26	27	28
1959	0.33	0.33	0.33	0.33	0.33	0.33	0.33	0.33	0.33	0.33	0.33	0.33	0.33	0.33	0.33	0.33	0.33	0.33	0.33	0.33	0.33	0.33	0.33	0.33	0.33	0.33	0.33	0.33
1961	0.33	0.33	0.33	0.33	0.33	0.33	0.33	0.33	0.33	0.33	0.33	0.33	0.33	0.33	0.33	1.00	0.33	0.33	0.33	0.33	0.33	0.33	0.33	0.33	0.33	0.33	0.33	0.33
1970	0.33	0.33	0.33	0.33	0.33	0.33	0.33	0.33	0.33	0.33	0.33	0.33	0.33	0.33	0.33	0.33	0.33	0.33	0.33	0.33	0.33	0.33	0.33	1.00	0.33	0.33	0.33	0.33
1971	0.33	0.33	0.33	0.33	0.33	1.00	0.33	0.33	0.33	0.33	1.00	0.33	0.33	0.33	0.33	0.33	0.33	0.33	0.33	0.33	0.33	0.33	0.33	0.33	0.33	0.33	0.33	0.33
1973	0.33	0.33	0.33	0.33	0.33	0.33	0.33	0.33	0.33	0.33	0.33	0.33	0.33	0.33	0.33	0.33	0.33	0.33	0.33	0.33	0.33	1.00	0.33	0.33	0.33	0.33	0.33	0.33
1975	0.33	0.33	0.33	0.33	0.33	0.33	0.33	0.33	0.33	0.50	0.33	0.33	0.33	0.33	0.33	0.33	0.33	0.33	0.33	0.33	0.33	0.33	0.50	0.33	0.33	0.33	0.33	0.33
1976	0.33	0.33	0.33	0.33	0.33	0.33	0.33	0.33	0.33	0.33	0.33	0.33	0.33	0.33	0.33	1.00	0.33	0.33	0.33	0.33	0.33	0.33	0.33	0.33	0.33	0.33	0.33	0.33
1979	0.33	0.33	0.33	0.33	0.33	0.33	0.33	0.50	0.33	0.33	0.33	0.33	0.33	0.33	0.33	0.50	0.33	0.33	0.33	0.33	0.33	0.33	0.33	0.33	0.33	0.33	0.33	0.33
1982	0.33	1.00	0.33	0.33	0.33	0.33	0.33	0.33	0.33	0.33	0.33	0.33	0.33	0.33	0.50	0.33	0.33	0.33	0.33	0.33	0.33	0.33	0.33	0.33	0.33	0.33	0.33	0.33
1983	0.37	0.33	0.33	0.33	0.33	0.33	0.33	0.33	0.33	0.33	0.37	0.33	0.33	0.33	0.33	0.37	0.33	0.33	0.33	0.41	0.33	0.33	0.33	0.33	0.37	0.37	0.33	0.33
1984	0.33	0.33	0.33	0.33	0.33	0.33	0.33	0.33	0.33	0.33	0.33	0.33	0.33	0.33	0.45	0.45	0.33	0.33	0.33	0.33	0.33	0.33	0.33	0.33	0.33	0.33	0.33	0.38
1985	0.33	0.33	0.33	0.33	0.33	0.33	0.33	0.33	0.33	0.33	0.33	0.50	0.50	0.50	1.00	1.00	0.33	0.33	0.33	0.33	0.33	0.33	0.33	0.33	0.33	0.33	0.33	0.33
1986	0.33	0.33	0.33	0.33	0.33	0.33	0.33	0.33	0.33	0.33	0.33	0.33	0.33	0.33	0.67	0.67	0.33	0.33	0.33	0.50	0.33	0.33	0.33	0.50	0.33	0.33	0.33	0.33
1988	0.33	0.33	0.33	0.33	0.33	0.33	0.33	0.38	0.40	0.33	0.33	0.33	0.33	0.33	0.33	0.35	0.33	0.40	0.33	0.33	0.33	0.33	0.33	0.50	0.40	0.33	0.33	0.33
1989	0.33	0.33	0.35	0.33	0.35	0.33	0.33	0.33	0.33	0.33	0.33	0.33	0.33	0.33	0.33	1.00	0.33	0.33	0.33	0.38	0.33	0.35	0.43	0.35	0.33	0.33	0.33	0.33
1990	0.33	0.33	0.33	0.33	0.33	0.33	0.33	0.33	0.33	0.33	0.33	0.33	0.33	0.50	0.50	0.33	0.33	0.33	0.33	0.33	0.33	0.33	0.33	0.33	0.33	0.33	0.33	0.33

续表

年份	1	2	3	4	5	6	7	8	9	10	11	12	13	14	15	16	17	18	19	20	21	22	23	24	25	26	27	28
1991	0.33	0.33	0.33	0.33	0.33	0.33	0.33	0.33	0.33	0.33	0.36	0.33	0.33	0.33	0.40	0.36	0.33	0.33	0.33	0.33	0.33	0.33	0.36	0.36	0.40	0.33	0.33	0.33
1992	0.33	0.33	0.33	0.33	0.36	0.33	0.33	0.33	0.33	0.33	0.36	0.33	0.33	0.33	0.38	0.33	0.33	0.33	0.33	0.33	0.33	0.33	0.50	0.38	0.38	0.33	0.33	0.33
1993	0.33	0.33	0.36	0.33	0.33	0.36	0.33	0.33	0.33	0.33	0.33	0.33	0.33	0.36	0.40	0.36	0.33	0.33	0.33	0.36	0.36	0.36	0.36	0.33	0.33	0.33	0.33	0.33
1994	0.33	0.33	0.33	0.33	0.33	0.33	0.33	0.33	0.33	0.33	0.33	0.33	0.33	0.33	0.33	0.33	0.40	0.33	0.33	0.33	0.33	0.33	0.33	1.00	0.33	0.33	0.33	0.33
1995	0.33	0.33	0.33	0.33	0.33	0.33	0.33	0.33	0.33	0.33	0.33	0.33	0.33	0.33	0.33	0.40	0.33	0.33	0.33	0.33	0.33	0.33	0.33	0.33	0.40	0.40	0.33	0.33
1996	0.33	0.33	0.33	0.33	0.40	0.33	0.33	0.33	0.33	0.33	0.33	0.33	0.33	0.33	0.50	0.33	0.33	0.33	0.33	0.33	0.33	0.40	0.40	0.33	0.33	0.33	0.33	0.33
1997	0.33	0.33	0.33	0.33	0.33	0.33	0.33	0.33	0.33	0.50	0.36	0.33	0.33	0.33	0.40	0.40	0.33	0.33	0.36	0.36	0.33	0.33	0.33	0.50	0.33	0.33	0.33	0.33
1998	0.33	0.38	0.33	0.38	0.38	0.33	0.38	0.33	0.33	0.38	0.38	0.33	0.33	0.33	0.33	0.38	0.33	0.33	0.38	0.38	0.33	0.33	0.38	0.43	0.33	0.33	0.33	0.33
1999	0.33	0.33	0.33	0.33	0.33	0.38	0.38	0.38	0.33	0.33	0.33	0.33	0.33	0.33	0.33	0.38	0.33	0.33	0.33	0.33	0.33	0.33	0.38	0.38	0.33	0.33	0.33	0.33
2000	0.38	0.38	0.38	0.33	0.33	0.33	0.33	0.33	0.33	0.33	0.33	0.33	0.33	0.33	0.33	0.33	0.33	0.33	0.33	0.33	0.33	0.33	0.33	0.50	0.33	0.33	0.33	0.33
2001	0.33	0.33	0.33	0.33	0.33	0.33	0.33	0.33	0.33	0.33	0.33	0.33	0.33	0.33	0.33	0.33	0.33	0.33	0.33	0.33	0.33	0.33	0.33	1.00	0.33	0.33	0.33	0.33
2002	0.33	0.33	0.33	0.33	0.33	0.33	0.33	0.33	0.33	0.33	0.40	0.33	0.33	0.33	0.40	0.43	0.33	0.33	0.33	0.43	0.33	0.33	0.33	0.33	0.40	0.33	0.40	0.33
2003	0.33	0.33	0.33	0.33	0.33	0.33	0.33	0.36	0.33	0.33	0.33	0.33	0.33	0.33	0.33	0.33	0.43	0.33	0.33	0.43	0.33	0.33	0.33	0.43	0.33	0.33	0.33	0.33
2004	0.33	0.33	0.33	0.33	0.33	0.33	0.33	0.36	0.33	0.33	0.36	0.33	0.33	0.33	0.39	0.36	0.33	0.33	0.33	0.43	0.33	0.33	0.33	0.36	0.33	0.33	0.33	0.33
2005	0.33	0.33	0.33	0.33	0.37	0.33	0.33	0.33	0.33	0.37	0.35	0.33	0.33	0.33	0.37	0.39	0.33	0.33	0.35	0.39	0.35	0.33	0.33	0.35	0.33	0.33	0.33	0.33
2006	0.33	0.40	0.33	0.40	0.33	0.33	0.40	0.33	0.33	0.33	0.33	0.33	0.33	0.33	0.33	0.33	0.33	0.33	0.40	0.40	0.33	0.33	0.33	0.50	0.33	0.33	0.33	0.33
2007	0.33	0.33	0.33	0.33	0.33	0.33	0.33	0.33	0.33	0.33	0.33	0.33	0.33	0.33	0.50	0.33	0.33	0.33	0.33	0.33	0.33	0.33	0.33	0.33	0.33	0.33	0.40	0.33
2008	0.33	0.33	0.33	0.33	0.33	0.33	0.33	0.33	0.33	0.43	0.33	0.33	0.33	0.33	0.33	0.43	0.33	0.33	0.43	0.43	0.33	0.33	0.33	0.33	0.33	0.33	0.33	0.33

注：表中第二行 1～28 项目依次为：$\zeta_{01}(t)$，$\zeta_{02}(t)$，…，$\zeta_{028}(t)$。

参 考 文 献

［1］傅贵,张苏,董继业,等.行为安全的理论实质与效果讨论［J］.中国安全科学学报,2013,23(3):150-154.

［2］范维唐,卢鉴章,申宝宏,等.煤矿灾害防治的技术与对策［M］.徐州:中国矿业大学出版社,2007.

［3］于不凡.煤和瓦斯突出机理［M］.北京:煤炭工业出版社,1985.

［4］湖南衡阳矿难已导致 29 人遇难　救援工作结束［EB/OL］.(2011-10-31)［2019-03-10］. http://news. sohu. com/20111031/n323963709. shtml.

［5］MCATEER J D,et al. The Sago Mine Disaster:a preliminary report to Governor Joe Manchin Ⅲ［M］. Buckhannon,West Virginia,2006.

［6］PAUL P S,MAITI J. The role of behavioral factors on safety management in underground mines［J］. Safety science,2007,45(4):449-471.

［7］白原平,傅贵,关志刚,等.我国企业事故预防策略的分析与改进［J］.煤炭科学技术,2009,37(2):50-52,126.

［8］ZHANG J S,FU G,DU S,et al. Human-based risk management methods in underground engineering［R］. 2009 International Symposium on Risk Control and Management of Design,Construction and Operation in Underground Engineering,2009:79-82.

［9］ZHANG J S,FU G,PAN J N. Using BBS approach to prevent mining accident［R］. 2006 International Symposium on Safety Science and Technology,2006:1523-1527.

［10］FLEMING M,LARDNER R. Strategies to promote safe behaviour as part of a health and safety management system［M］. HSE Books:Edinburgh,the Keil Centre,2002.

［11］曹庆贵,孙春江,张殿镇.安全行为管理预警技术研究［J］.辽宁工程技术大学学报(自然科学版),2003,22(4):555-558.

［12］周刚,程卫民,诸葛福民,等.人因失误与人不安全行为相关原理的分析与探讨［J］.中国安全科学学报,2008,18(3):10-14.

［13］陈红,祁慧,宋学锋,等.煤矿重大事故中管理失误行为影响因素结构模型［J］.煤炭学报,2006,31(5):689-696.

［14］陈红.煤炭企业重大事故防控的"行为栅栏"研究［M］.北京:经济科学出版社,2008.

［15］刘小荣.煤矿企业现代安全教育与培训方法研究［D］.青岛:山东科技大学,2009.

［16］于滕汉,赵培路,王长春.事故案例短片制作及其在煤矿安全教育管理中的应用［J］.山东煤炭科技,2013(1):219-220.

［17］黄显吞,颜锦.典型事故案例分析培训方式在电工特种作业人员安全培训中存在的问题及对策［J］.科技资讯,2008,6(29):201.

［18］杨占领.开发制作煤矿事故案例教学片的实践探索［J］.民营科技,2012(2):75.

［19］王建明."案例教学法"在煤矿安全培训中的应用［J］.企业家天地,2011(6):88-89.

［20］马强.案例教学在油田企业安全培训中的应用［J］.北京石油管理干部学院学报,2010,17(4):77-80.

［21］杨帆.火灾事故案例库设计方法［J］.安防科技,2010(5):58-60.

［22］HEINRICH H W,PETERSON D,ROOS N. Industrial accident prevention:a safety management approach［M］. New York:McGraw-Hill Book Company(5th),1980.

［23］傅贵,李宣东,李军.事故的共性原因及其行为科学预防策略［J］.安全与环境学报,2005,5(1):80-83.

［24］国家标准局.企业职工伤亡事故分类:GB 6441—1986［S］.北京:中国标准出版社,1986.

［25］高建伟.煤矿放炮事故的现状及消灭放炮事故的对策研究［J］.管理学家,2011(3):280-281.

［26］国家安全生产监督管理总局.煤矿井下爆破工安全技术培训大纲及考核标准:AQ 1060—2008［S］.北京:煤炭工业出版社,2009.

［27］冯秋登,樊铮钰.爆破工［M］.北京:煤炭工业出版社,2008.

［28］邓聚龙.灰色系统理论教程［M］.武汉：华中理工大学出版社，1990.

［29］徐凤银，朱兴珊，颜其彬，等.储层含油气性定量评价中指标权重的确定方法［J］.西南石油学院学报（自然科学版），1994，16（4）：11-17.

［30］刘思峰，蔡华，杨英杰，等.灰色关联分析模型研究进展［J］.系统工程理论与实践，2013，33（8）：2041-2046.

［31］武卫东，景国勋，魏建平.灰色关联分析法在平六矿通风系统方案（近期）优化中的应用［J］.煤炭学报，2001，26（3）：290-293.

［32］杨中，丁玉兰，赵朝义.开滦煤矿安全事故的灰色关联分析与趋势预测［J］.煤炭学报，2003，28（1）：59-63.

［33］李念友，郭德勇，范满长.灰关联分析方法在煤与瓦斯突出控制因素分析中的应用［J］.煤炭科学技术，2004，32（2）：69-71.

［34］景国勋，张悦.火灾事故致因的多因素灰色关联分析［J］.中国安全科学学报，2009，19（3）：93-97.

［35］伍爱友，肖红飞，王从陆，等.煤与瓦斯突出控制因素加权灰色关联模型的建立与应用［J］.煤炭学报，2005，30（1）：58-62.

［36］王祥尧.安全文化定量测量的理论与实证研究［D］.北京：中国矿业大学（北京），2011.

［37］张梦璇.企业安全文化维度确定及在煤矿的验证研究［D］.北京：中国地质大学（北京），2010.

［38］田心.解读新修订的《煤矿安全规程》［J］.安全与健康（上半月版），2016（5）：39-41.

［39］张江石，傅贵，刘超捷，等.安全认识与行为关系研究［J］.湖南科技大学学报（自然科学版），2009，24（2）：15-18.

［40］程卫民，周刚，王刚，等.人不安全行为的心理测量与分析［J］.中国安全科学学报，2009，19（6）：29-34.

［41］LARSSON S，POUSETTE A，TÖRNER M. Psychological climate and safety in the construction industry-mediated influence on safety behaviour［J］. Safety science，2008，46（3）：405-412.

［42］AREZES P M，MIGUEL A S. Risk perception and safety behaviour：a study in an occupational environment［J］. Safety science，2008，46（6）：900-907.

[43] 宋守信.事故倾向与人因管理[J].中国电力企业管理,2003(12):32-33.

[44] 尚振巍.慕课背景下的三维动画课程教学模式研究与探索[J].智能城市,2016,2(7):190.

[45] 王高波.三维动画的发展趋势[J].安徽文学(下半月),2010(9):104,120.

[46] 傅贵,李长修,邢国军,等.企业安全文化的作用及其定量测量探讨[J].中国安全科学学报,2009,19(1):86-92.

[47] STEWART J M. Managing for world class safety[M]. Hoboken:John Wiley & Sons,Inc.,2001.

[48] 袁萍萍.国内动画剧本创作初探[J].长春理工大学学报(高教版),2011,6(8):108-109.

[49] 万延.试论二维动画剧本创作的选材与主题[J].美术学刊,2012(1):65-66.

[50] 周岩.中国大陆传播学书籍出版与传播学发展探讨[J].新闻界,2012(2):30-33.

[51] 孟伟.广播听觉传播本质解读[J].现代传播:北京广播学院学报,2004(3):63-66.

[52] 李群.视觉信息传播的发展历程[J].艺术百家,2011(增刊1):70-72.

[53] 王淑珍,朱思泉.视觉信息加工的神经机制[J].眼科研究,2008,26(9):717-720.

[54] 沈梦凡.论电视传播艺术中的视听关系:重提电视传播中听觉的重要性[D].金华:浙江师范大学,2010.

[55] 威尔伯·施拉姆(Wilbur Schramm),威廉·波特(William E Porter).传播学概论[M].何道宽,译.北京:中国人民大学出版社,2010.

[56] 裴剑平,陈云刚.交通事故再现三维仿真技术[J].计算机仿真,2002,19(4):73-75,78.

[57] 范小龙,蒋志文,张乖红.空天飞行器的实时三维动画模拟[J].计算机仿真,2006,23(4):33-36.

[58] 霍宏.三维动画课件在案例教学中的应用[J].厦门大学学报(自然科学版),2003,42(增刊1):148-150.

[59] 张瑞,楚书来.浅谈三维动画应用领域[J].黑龙江科技信息,2010

(27):57.

[60] 潘志庚.虚拟现实及应用[J].国际学术动态,2009(6):22-24.

[61] 胡小强.虚拟现实技术基础与应用[M].北京:北京邮电大学出版社,2009.

[62] 郝建平,等.虚拟维修仿真理论与技术[M].北京:国防工业出版社,2008.

[63] BURDEAL G C,COIFFER P.Virtual reality technology[M].New York:John Wiles & SonsInc,1994.

[64] 刘法水.虚拟现实在变电站高压电气仿真试验培训中的应用[D].上海:华东师范大学,2009.

[65] 王兵建,张盛,张亚伟,等.虚拟现实技术在煤矿安全培训中的应用[J].煤炭科学技术,2009,37(5):65-67.

[66] 王春才,张彩虹,陈毓.基于虚拟现实的煤矿事故模拟与分析系统[J].吉林师范大学学报(自然科学版),2009,30(1):58-61.

[67] 王东明.地震灾场模拟及救援虚拟仿真训练系统研究[D].哈尔滨:中国地震局工程力学研究所,2008.

[68] 罗鹏.水泥厂安全培训VR技术的研究与实现[D]:北京:中国地质大学(北京),2008.

[69] 刘勇,孟宪颐.塔式起重机仿真训练器的研制[J].北京建筑工程学院学报,2007,23(1):19-22.

[70] 蒋波.基于数值仿真的地铁火灾应急响应虚拟演习平台的研究[D].上海:上海交通大学,2007.

[71] 陈亮.利用虚拟环境技术提高电动汽车NVH性能的展望[J].重庆工商大学学报(自然科学版),2011,28(3):293-295.

[72] DENBY B,SCHOFIELD D.Role of virtual reality in safety training of mine personnel[J].Mining engineering,1999,51(10):59-64.

[73] SQUELCH A P.Virtual reality or mine safety training in South Africa [J].Journal of the South African institute of mining and metallurgy,2001,101(4):209-216.

[74] 侯建明,杨俊燕.基于虚拟现实技术开发的矿山救援虚拟仿真演练系统[J].矿业安全与环保,2018,45(5):47-50,54.

[75] KIZIL M S,KERRIDGE A P,HANCOCK M G. Use of virtualreality in mining education and training[C]//Proceedings of the CRC Mining Research and Effective Technology Transfer Conference,Brisbane,2004.

[76] KIZIL M S,HANCOCK M G,EDMUNDS O T. Virtual reality as a training tool[C]//Proceedings of the Australian Institute of Mining and Metallurgy Youth Congress,Brisbane,Queensl,2001.

[77] VAN WYK E. A improving mine safety training using interactive simulations [C]//Proceedings of the ED-MEDIA 2006 World Conference on Educational Multimedia,Hypermedia and Telecommunications,Orlando,Florida,2006.

[78] MALLETT L,UNGER R. Virtual reality in mine training[C]//Society for Mining,Metallurgy and Exploration,Inc. ,2007.

[79] Longmanm D J. Design of belt conveyor pulleys drums [C]//International Mechanical Engineering Congress Perth,Australia,1994.

[80] DAS S P,PAL M C. Stresses and deformations of a conveyor power pulley shell under exponential belt tensions [J]. Computers & structures,1987,27(6):787-795.

[81] 王鸿恩.带式输送机滚筒的强度分析计算[J].矿山机械,1987(10):32-36.

[82] VAN WYK E,DE VILLIERS R. Virtual reality trainingapplications for the mining industry [C]//Proceedings of the 6th International Conference on Computer Graphics,Virtual Reality,Visualization and Interaction,Pretoria,South Africa,2009.

[83] Machines for underground mines—Safety requirements for hydraulic powered roof supports—Part 1: Supports units and general requirements(EN 1804-1:2001)[S]. 2001.

[84] 王宝山.煤矿虚拟现实系统三维数据模型和可视化技术与算法研究[D].郑州:中国人民解放军信息工程大学,2006.

[85] 蔡林沁.基于 Agent 的煤矿智能虚拟环境研究[D].合肥:中国科学技术大学,2007.

[86] 高红森,栗继祖.基于 3D 和 VIRTOOLS 的煤矿安全行为模拟[J].太原理工大学学报,2010,41(1):106-109.

预防煤矿瓦斯爆炸的行为训练方法研究

［87］静恩英.调查问卷设计的程序及注意问题[J].湖北民族学院学报(哲学社会科学版),2009,27(6):99-102.

［88］刘升学.连续调查的抽样设计及应用[D].苏州:苏州大学,2008.

［89］胡优.OD调查样本容量分析及抽样矩阵优化研究[D].长沙:长沙理工大学,2007.

［90］COCHRAN W G. Sampling techniques[M]. New York:John Wiley and Sons,1997.

［91］耿修林.抽样规模确定的目标及影响因素[J].江苏大学学报(社会科学版),2009,11(4):84-87.

［92］卢淑华.社会统计学[M].北京:北京大学出版社,1989.

［93］冯士雍,倪加勋,邹国华.抽样调查理论与方法[M].北京:中国统计出版社,1998.

［94］耿修林.社会调查中样本容量的确定[M].北京:科学出版社,2008.

［95］林楠.社会研究方法[M].北京:农村读物出版社,1987.

［96］吴明隆.问卷统计分析实务:SPSS操作与应用[M].重庆:重庆大学出版社,2010.

［97］郭金玉,张忠彬,孙庆云.层次分析法的研究与应用[J].中国安全科学学报,2008,18(5):148-153.